KB032753

감리사
기출풀이

저자 서문

우리나라에서 어떤 자격이든 일정한 역할을 수행할 수 있는 권한을 국가로부터 부여받았다는 것은 자신이 직업을 택하거나 활동함에 있어 큰 장점이 아닐 수 없습니다. 이미 우리나라를 포함하여 글로벌하게 전통적인 IT시스템을 포함하여 스마트환경, 유비쿼터스 환경으로 인한 컨버젼스 환경 등 IT에 대한 영역이 기하 급수적으로 증가하고 있습니다. 이에 따라 IT시스템 구축 및 운영 등에 대한 제3자적 전문가 품질 체크활동이 중요해질 수 밖에 없는 시대적인 환경이 되었고 우리나라에서는 이것을 수행할 수 있는 전문가를 수석감리원, 감리원으로 법적으로 규정하여 매년 시험으로 관련전문가를 선발해 내고 있습니다.

수석감리원이 될 수 있는 정보시스템 감리사는 각종 IT시스템에 대해 권한을 가지고 감리를 수행할 수 있는 자격으로서 의미가 큽니다. 자신이 수행해 왔던 전문성에 기반하여 다양한 영역을 학습한 통찰력을 바탕으로 다른 사람이 수행하는 시스템에 대해서 진단과 평가 및 개선점을 컨설팅을 수행 할 수 있습니다. 이는 자신의 전문가적 역량을 공식적인 권한을 가지고 많은 프로젝트나 운영환경에서 적용할 수 있는 기회가 되기도 하면서 또 한편으로 감리를 수행하는 당사자의 전문성을 더 넓히는 아주 좋은 기회가 되기도 합니다.

수석감리원이 되기 위한 두 가지 방법은 정보시스템감리사가 되거나 정보처리기술사가 되는 두 가지 방법이 있습니다. 두 개의 자격은 우리나라를 대표하는 최고의 자격이며 공교롭게 이를 취득하기 위해 학습해야 하는 범위가 80%가 비슷하다고 할 수 있습니다. 따라서 감리사를 학습하다 기술사를 학습할 수 있고, 반대로 기술사를 학습하다가 감리사를 학습하는 경우가 많이 있습니다.

어떤 자격시험이든 기출문제를 기반으로 학습을 해야 하는 것은 누구나 아는 사실일 것입니다. 이 책은 정보시스템감리사를 취득하기위해 참조해야 하는 기출문제에 대해서 회차별로 나온문제를 과목 및 주제별로 묶어내어 그 동안 출제되었던 기출문제를 통해 감리사의 핵심 학습을 유도하는 책이라 할 수 있습니다.
주제별로 포도송이처럼 문제들이 묶여 있기 때문에 각 주제별로 출제된 문제의 유형을 파악하는데 용이하고 관련된 지식을 학습하여 학습하는 사람이 효율적으로 학습하도록 내용을 구성하였습니다.

기출문제 풀이의 전문성을 높이기 위해 각 분야에서 가장 잘 이해하고 있는 감리사/기술사가 문제를 풀고 관련지식을 정리하였기 때문에 학습을 하는 사람에게 많은 도움이 될 것입니다.

이 책이 완성되는데 생각 보다 오랜 시간이 걸렸습니다. 많은 시간동안 관련분야 전문가가 심혈을 기울여 집필한 만큼 학습하는 사람들에게 의미있게 다가가는 책이기를 바랍니다. 이 책을 통해 학습하는 모든 분들에게 행복이 가득하시기를 바랍니다.

〈이춘식 정보시스템 감리사〉

국내 정보시스템 감리는 80년대 말 한국전산원(현 정보화진흥원)이 전산망 보급 확장과 이용촉진에 관한 법률에 의거하여 행정전산망 선투자 사업에 대한 사업비 정산을 위해 회계 및 기술 분야에 감리를 시행하게 되면서 시작되었습니다. 이후, 법적 제도적 발전을 통해 오늘의 정보시스템 감리사 제도로 발전하게 되었습니다.

현대 사회에서 정보시스템에 대한 비중은 날로 높아지고 있고, 정보시스템이 차지하는 중요성과 가치도 더욱 높아지고 있습니다. 정보시스템 감리사 제도가 공공 부문에만 의무화가 되어 있지만 정보시스템의 복잡성과 중요성이 인식되면서 일반 기업들도 감리의 중요성과 필요성을 점차 느끼고 있습니다. 앞으로 감리사의 역할과 비중이 더욱 높아질 것으로 예상됩니다.

정보시스템 감리사 시험은 다른 분야와 달리 폭넓은 경험과 고도의 전문 지식이 필요합니다. 감리사 시험을 준비하는 수험생 분들이 느끼는 어려운 점은 시험에 대한 정보 부족과 학습에 대한 부담입니다. 국내 IT분야의 현실을 고려할 때 매일 시간을 내어 공부하는 것이 어렵지만 어려운 현실에서도 감리사 합격을 위해 주경야독하는 분들을 위해 이 책을 집필하게 되었습니다. 많은 독자 분들이 이 책을 보고 "아하 이런 의미였네!" "이렇게 풀면 되는 구나!" 하는 느낌과 자신감을 얻고, 합격의 지름길을 빨리 찾을 수 있으면 좋겠습니다.

공부는 현재에 희망의 씨앗을 뿌리고 미래에 달성의 열매를 수확하는 것입니다. 이 책을 통해 어려운 현실에서도 현실에 안주하지 않고 보다 나은 자신의 미래를 위해 열심히 달려가는 독자 분들께 커다란 희망을 제공하고 싶습니다. 독자 분들의 인생을 바꿀 수 있는 진정한 가치 있는 책이 되길 희망 합니다.

〈양회석 정보관리 기술사〉

개인적으로 2011년 초 필자가 주변에서 가장 많이 들었던 단어는 변화(Change)와 혁신(Innovation)이었습니다. 변화가 모든 이에게 필요할까라는 근본적인 의구심이 들기도 하고, 사람을 4개의 성격유형으로 나눌 때 변화를 싫어하는 안정형으로 강력하게 분류되는 필자에게 있어 변화는 그리 친숙한 개념은 아닙니다.

그러나, 독자와 필자가 경험하고 있듯이, 직장과 사회의 변화에 대한 강력한 메시지는 피할 수 없으며, 성공이라는 목표를 달성하기 위해서 개인이 변화해야 한다는 당위성에 의문을 갖기는 현실적으로 어렵지 않을까 싶습니다.

정보시스템감리사는 수석감리원의 신분이 법적으로 보장되며, 매년 40여명의 최종 합격자만을 엄선하는 전문 자격증으로, 정보기술업계에 있는 사람이라면 한번 쯤 도전해 보고 싶은 매력적인 자격증으로, 자격 취득이 자기계발이나 직업선택에 있어 변화의 동인(Motivation)과 기반이 되기에 충분하다고 필자는 생각합니다.

이 책은 수험자들이 자격취득을 위해 필요한 지식기반(Knowledge Base)의 폭과 깊이를 충분히 제공하기 위해 전문 강사들의 수년간 강의 경험을 집대성하여 작성되었으므로, 감리사 학습에 길잡이가 될 것이라 확신합니다.

특히, 년도별 단순 문제풀이 방식이 아닌, 주제 도메인별로 출제영역을 묶어 집필함으로써 정보시스템감리사 학습영역을 가시화하고 단순화하려는 노력을 하였으며, 주제에 대한 파생 개념에 대해서도 많은 내용을 담으려 노력하였습니다.

시장에서 우월한 경쟁력으로 급격하게 시장을 독점하여 성장하는 기술을 파괴적 기술(Disruptive Technology)이라고 부른다고 합니다. 그러한 혁신을 파괴적 혁신(Disruptive Innovation)이라고도 합니다. 이 책을 통해 독자들이 정보시스템감리사 지식 도메인의 급격하고도 완전한 지식베이스(Disruptive Knowledge Base)를 형성할 수 있기를 필자는 희망하고 기대합니다.

마지막으로, 책 집필 기간 동안 퇴근 후 늦게까지 작업을 해야 했던 남편을 물심양면으로 지원해주고 이해해 준 노미현씨에게 깊이 감사하며, 많은 시간 함께하지 못한 아빠를 변함없이 좋아해주는 사랑스러운 은준이, 서안이, 여진이 삼남매에게 미안하고 사랑한다는 말을 전하고 싶습니다.

〈최석원 정보시스템감리사〉

정보시스템감리사 도전은 직장생활 10년 차인 저에게 전문성과 실력을 체크하고 한 단계 도약하기 위한 시험대였습니다.

그 동안 수행한 업무 영역 외의 전자정부의 추진방향과 각종 고시/지침/가이드, 프로젝트 관리방법, 하드웨어, 네트워크 등의 시스템 구조, 보안 등의 도메인을 학습하면서 필요에 따라 그때그때 습득하였던 지식의 조각들이 서로 결합되고 융합되는 즐거움을 느낄 수 있었습니다. 또한 업무를 수행할 때에도 학습한 지식들을 응용하여 보다 체계적이고 전문적인 의견을 제시할 수 있게 되었습니다.

그 때의 저처럼 정보시스템감리사라는 객관적인 공신력 확보로 한 단계 도약하고자 하는 사람들에게 시험합격이라는 단기적인 목표달성 외에 여기저기 흩어져 있던 지식들이 맥락을 찾고 뻗어 나가는 즐거움을 느낄 수 있었으면 하여 이 책을 준비하게 되었습니다.

시험을 준비할 때에는 기출문제 분석이 가장 중요합니다. 기출문제를 분석하다 보면 출제흐름 및 IT 변화도 느낄 수 있으며, 향후에 예상되는 문제도 만날 수가 있습니다. 이 책은 기출문제를 주제별로 재구성하여 출제 경향이 어떻게 변화해왔는지 향후 어떻게 변화할 지를 직접 느낄 수 있도록 하였습니다. 또한 한 문제의 정답과 간단한 풀이로 끝나는 것이 아니라 관련된 배경지식을 설명하여 보다 발전된 형태의 문제에 대해서도 해결능력을 키울 수 있도록 하였습니다.

〈김은정 정보시스템감리사〉

KPC ITPE를 통한 종합적인 공부 제언은

감리사 기출문제풀이집을 바탕으로 기출된 감리사 문제의 자세한 풀이를 공부하고, 추가 필수 참고자료는 국내 최대 기술사,감리사 커뮤니티인, 약 1만 여개의 지식 자료를 제공하는 KPC ITPE(http://cafe.naver.com/81th) 회원가입, 참조하시면, 감리사 합격의 확실한 종지부를 조기에 찍을 수 있는 효과를 거둘 것입니다.

http://cafe.naver.com/81th

[참고]
- 감리사 기출문제 풀이집을 구매하고, KPC ITPE에 등업 신청하시면, 감리사, 기술사 자료를 포함 약 10,000개 지식 자료를 회원 등급별로 무료로 제공하고 있습니다.
- 감리사 기출 문제 풀이집은 저술의 출처 및 참고 문헌을 모두 명기하였으나, 광범위한 영역으로 인해 일부 출처가 불분명한 자료가 있을 수 있으며, 이로 인한 출처 표기 누락된 부분을 발견, 연락 주시면, KPC ITPE에서 정정하겠습니다.
- 감리사 기출문제에 대한 이러닝 서비스는 http://itpe.co.kr를 통해서 2011년 7월에 서비스 예정입니다.

감리사 기출풀이

1. 감리 및 사업관리
2. 소프트웨어 공학
3. 데이터베이스
4. 시스템 구조
5. 보안

소프트웨어 도메인 학습범위

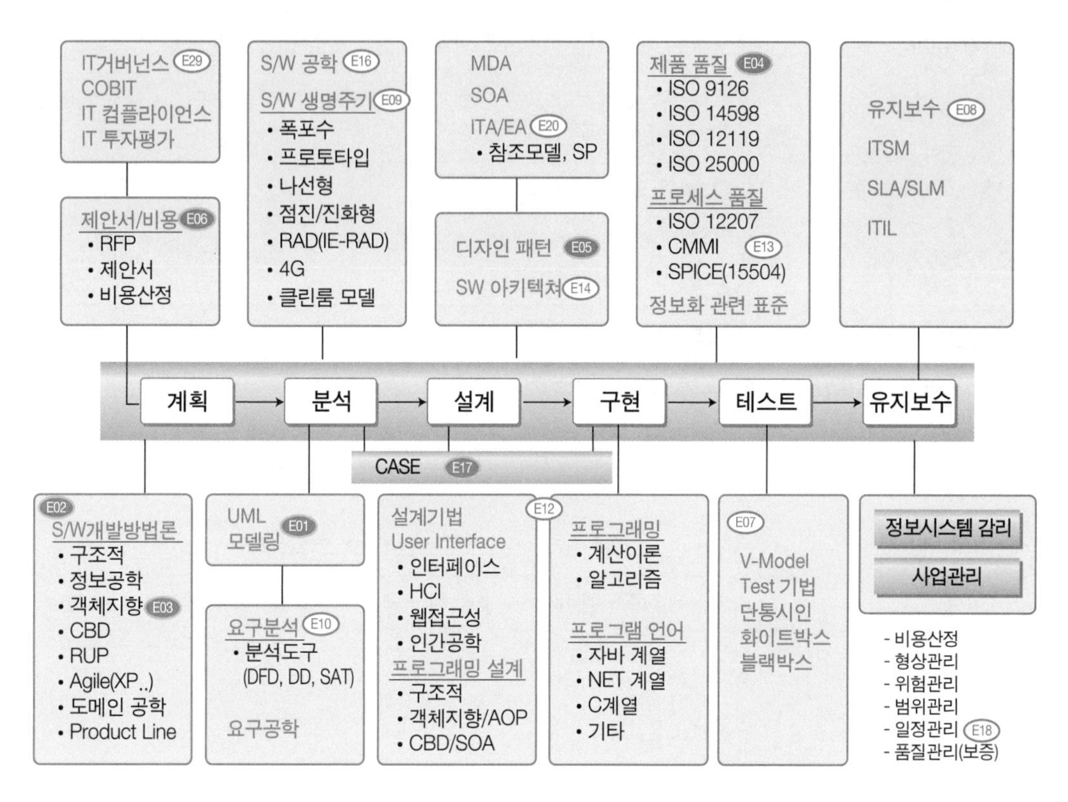

영역	세부 출제 분야
E01.UML	UML 개념 설명, 다이어그램 관련 설명, 유스케이스, UML 2.0, 모델링
E02.개발 방법론	정보공학, CBD, RUP, ISP, XP, 리팩토링
E03.객체지향 기법	객체 지향 기법의 주요 개념, 객체 지향 분석/설계
E04.국제표준	ISO/IEC 9126, ISO/IEC 12207, ISO/IEC 14598, ISO/IEC 9126 부특성
E05.디자인 패턴	디자인패턴 개념과 종류, GOF의 디자인 패턴 상세 내용, 사례
E06.비용산정	기능 점수와 COCOMO, 비용산정에 대한 이론, 계산 방법
E07.소프트웨어 시험	화이트 박스 시험과 블랙 박스 시험, 테스트 검증 기준, 각 단계별 테스트 이론

영역	세부 출제 분야
E08.소프트웨어 유지보수	유지보수 기본 개념, 종류, 절차, 유형
E09.소프트웨어 개발 모델	소프트웨어의 개발 모델의 개념(폭포수, 프로토타입, 나선형 등), 소프트웨어 개발 라이프 사이클에 대한 일반적인 이론
E10.요구분석	요구사항 분석 모델, 요구 공학, 요구 사항 기술 명세, 분석 도구
E11.품질보증	품질 보증의 개념, 평가 모형의 특성, 품질 보증 절차, 표준과 측정 항목
E12.프로그램	프로그램 설계, 프로그램 설계 기법, 웹 표준, 프로그램 언어, 사용자 인터페이스, 컴퓨터 이론
E13.프로세스 표준	CMMI, SPICE, 프로세스 표준
E14.SW아키텍처	소프트웨어 아키텍처 개념, J2EE/.NET, 아키텍처 평가 방법, SOA, MDA, (시스템 구조 범위 중첩)
E15.모듈	모듈 개념, 결합도, 응집도
E16.소프트웨어공학일반	소프트웨어 공학 개념, 소프트웨어 위기, 소프트웨어 공학의 기본 원리
E17.CASE Tool	Case Tool 개념, 분류, 사용
E18.CPM	CPM 개념, 계산
E19.IT거버넌스	IT거버넌스개념, 프레임워크, COBIT, COSO, IT성과관리
E20.ITA	범정부 참조모델, ITA/EA 개념, 메타 모델 등(시스템구조와 중첩)

E01. UML(Unified Modeling Language)

시험출제 요약정리

1) UML의 정의

1-1) 객체 지향 분석/설계가 S/W공학의 새로운 추세로 자리매김함에 따라 관련된 방법론을 표준화할 필요성을 느끼고 OMG에서 객체 모델링 기술과 방법론을 표준화 한 것으로 단어 자체가 언어의 의미가 아닌 모델링을 위한 Notation을 말함

1-2) 객체지향 분석(Analysis)과 설계(Design)를 위한 모델링 언어

1-3) UML에서는 표기 하기 위한 대상을 도표를 사용하여 나타내고 그 대상에 의미를 부여

2) 방법론과 모델의 차이

- 방법론은 생각과 행동을 구조화하는 방법을 명백히 제시한다. 예를 들어 사용자가 하나의 모델을 만들 때, 어떻게, 언제, 무엇을, 왜라는 모든 방법을 제시하는 것이 방법론인 반면에 이러한 모델을 단순히 표현하는 것

3) UML의 구성요소

- 사물(thing), 관계(relationship), 도해(diagrams)로 구성

3-1) UML의 구성 요소 : 사물

가) 구조사물(structural things): 보통 명사형 표현됨. 모델의 정적인 부분을 표현
- 클래스: 동일한 속성, 오퍼레이션, 관계, 그리고 의미를 공유하는 객체들을 기술
- 인터페이스: 클래스 또는 컴포넌트의 서비스를 명세화하는 오퍼레이션들의 집합
- 쓰임새(use case): 시스템이 수행하는 순차적 활동들을 기술하며, 행위자(actor)와 반응함
- 기타 컴포넌트와 노드로 구성됨.

나) 행동사물(behavioral things): UML모델의 동적인 부분을 표현. 시간과 공간에 따른 행동을 표현
- 교류(interaction)

- 상태머신 : 상태의 순서를 지정하는 행동.

다) 그룹사물(groupings things): UML모델을 조직하는 부분 -패키지

라) 주해사물(an notational things): UML모델을 설명하는 부분. 모델의 어떠한 요소들에 대하여 설명하고, 명확하게 하는 것.

-노트

3-2) UML의 구성요소 : 관계

- 혼자서 존재하는 클래스는 거의 없으며, 다양한 방식으로 다른 사물과 교류함
- 클래스를 파악하고 나면, 클래스들간의 관계에 주목해야 함
- 4가지 관계 : 의존, 연관, 일반화, 실체화

3-3) UML의 구성요소 : 도해(Diagram)

- 클래스도(Class diagram), 객체도(Object diagram), 쓰임새도(Use case diagram), 순차도(Sequence diagram), 협력도(Collaboration diagram), 상태도(State chart diagram), 활동도(Activity diagram), 컴포넌트도(Component diagram, 배치도(Deployment diagram)

4) Diagram (1.x)

구분	분 류	내 용
요구 사항	Use Case	– 외부 행위자(Actor)와 시스템이 제공하는 여러 개의 Use Case에 연결 – Use Case들은 시스템의 기능적인 요구를 정의함.
정적 모델링	Class	– 시스템 내 클래스들의 정적 구조를 표현 – 클래스는 객체들의 집합으로 속성(Attribute)과 동작(Behavior)으로 구성됨.
	Object	– 클래스의 여러 오브젝트(Object) 인스턴스(Instance)를 나타내는 대신에 실제 클래스를 사용함. – 클래스 다이어그램에서 2가지 예외를 제외하고 동일 표기법을 사용함. – Object 이름에 밑줄 표시를 하고, 관계 있는 모든 인스턴스를 표현함.
	State	– 클래스의 객체가 가질 수 있는 모든 가능한 상태를 나타냄.
동적 모델링	Sequence	– 여러 객체 사이에 동적인 협력 사항을 표현함. – 오브젝트(Object) 사이에 메시지를 보내는 순서를 보여주기 위해 사용함. – 수직선상의 여러 Object로 구성되어 시간 혹은 순서가 강조되어야 할 경우 이용함.
	Collaboration	–Object간의 연관성을 표현하며, 내용이 중요한 경우에 이용함.
	Activity	– 행위(Activity)의 순서적 흐름을 표시함. – 연산자로 수행된 활동 상황(Activity)을 설명하기 위해 사용함.
	Component	– 코드 컴포넌트(Code component)에 바탕을 둔 코드의 물리적 구조를 표현 – 컴포넌트(component)는 논리적 클래스 혹은 클래스 자신의 구현에 대한 정보를 포함 – 실질적인 프로그래밍 작업에 사용함.
	Deployment	– 시스템 하드웨어와 소프트웨어간의 물리적 구조를 표현하며, 실질적인 컴퓨터와 Device간의 관계를 표현하는데 이용함. 컴포넌트(Component) 사이의 종속성을 표현함.

4-1) Use Case Diagram : Use Case와 Actor 간의 관계 표현

- include : 필수, 점선 화살표
- extend : 선택, 예외적인 조건, 점선 화살표

4-2) Sequence Diagram

- 여러 개의 객체들 사이의 동적인 협력사항 표현
- 일련의 유스케이스가 처리되는 시나리오를 시간과 순서에 따라 묘사
- 객체들 간의 관계성은 표현하지 않음
- 수평선상에는 서로 다른 객체를 나타내고 수직선 상에는 시간이 지나가는 것에 따라서 객체들 사이에 메세지 교환을 나타냄.

- 복잡한 시나리오나 실시간 명세를 잘 표현하기 위해서 메시지의 명시적인 순서를 나타내기에 편리함.

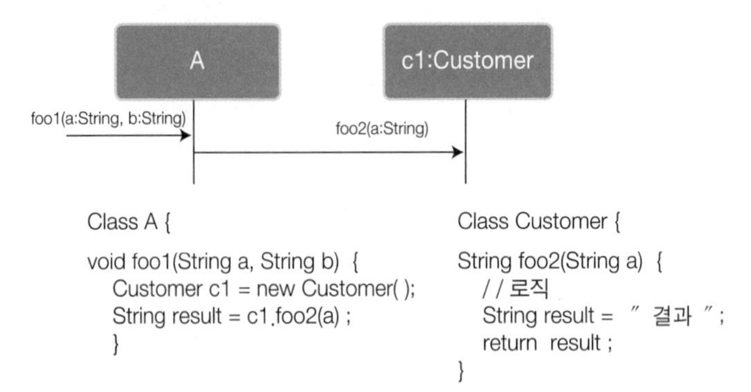

4-3) *Class Diagram*

- *Class, Interface, Collaboration* 간의 관계를 나타내며 객체 지향 시스템 모형화에서 가장 공통적으로 많이 쓰이는 다이어그램
- 시스템 내 클래스들의 정적 구조를 나타냄 (객체들의 타입 명세, 클래스의 속성과 오퍼레이션 명세)
- 클래스와 객체들 사이의 관계 표현, 객체들 사이의 제약사항을 명세
- 구성요소 : 클래스, 관계(다중관계, 의존관계, 일반화 관계, 실체화 관계, 집합/연관 관계)
- 인터페이스 : 객체의 구현이나 상태를 명세하지 않고 행위만 명세. 인터페이스는 메소드 서식만 가지고 있기 때문에 추후에 사용자가 재정의. (*UML 1*는 롤리팝(*lollipop*)으로 표현, *UML2*에서는 *Socket* 표기법으로 대체)
- 관계 : 연관 관계, 의존 관계, 일반화 관계, 실체화 관계
  - ■ 연관 관계 : 두개 이상의 클래스들 사이의 연속적인 정적인 의존관계를 표현(클래스간의 의미적 연결) 집합연관(*Part-of*), 복합연관(집합연관보다 강한 결합 관계, 검정 다이어몬드)
  - ■ 의존 관계 : 사용관계로서 한 사물의 명세가 변경되면 이를 사용하는 다른 사물에 영향을 미치는 관계
  - ■ 일반화 관계 : *IS-A* 또는 *Kind-of*의 관계를 표현 , 상속 개념을 사용하여 서로 공통인 구조를 공유하여 클래스를 구조화
  - ■ 실체화 관계 : 인터페이스를 클래스로 구현하는 관계, 상속 관계와 차이는 내부 로직이 구현되지 않은 인터페이스를 구현한다는 뜻으로 실체화라고 함.
- 스테레오타입 : 특정 사물의 의미를 확장하기 위한 장치, 꼬리표 값(*Tagged Value*)를 추가

표기법 : << >>

- *Boundary type* : 시스템 외부와 시스템 내부 사이의 인터페이스 역할을 하는 클래스
- *Control type* : 다른 클래스들 사이의 상호 교류를 제어하는 클래스. 유스케이스를 수행하는 동안 존속
- *Entity Type* : 시스템 내부에서 특정 기능을 수행하고 정보를 저장

4-4) Active Diagram

- 구성요소: 활동(Activity), 동작(Action), 전이(Transition), 분기(Branch), 분할(Fork), 합류 (Join)

예)

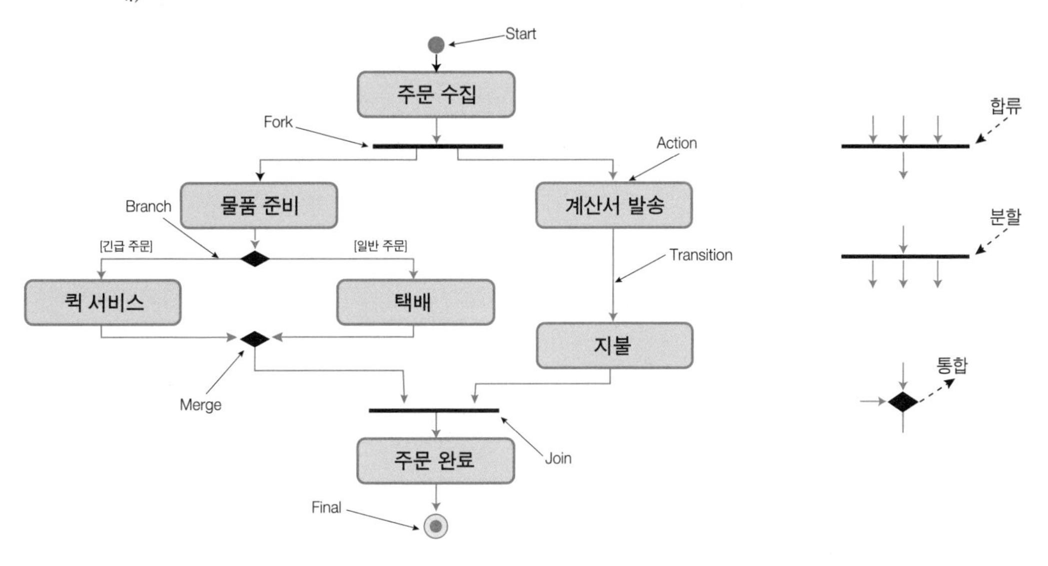

5) UML 2.0

5-1) 특징

- 객체지향, 컴포넌트 뿐만 아니라 MDA, 리얼타임, 워크플로우 시스템에 대한 지원 강화
- 요구사항 획득으로부터 마지막 테스트까지 모두 지원하는 표기법으로 진화
- 분석/설계와 실제 구현 간의 차이를 극복

5-2) 추가된 다이어그램

- *Composite Structure Diagram*: 단계화된 구조를 통해 *classifier* 내 요소들간의 관계를 표현. 각 구성요소들과 그 요소들이 어떻게 분리되거나 연결되었는지 표현

(패키지와 차이점은 패키지는 컴파일-타임에 그룹핑하는 반면 복합구조는 런타임 시 그룹핑을 수행)

- Interaction Overview Diagram: 시퀀스들의 workflow를 보여주기 위해 서로 다른 시퀀스들간의 activity 흐름으로 표현. 액티비티 다이어그램과 시퀀스 다이어그램의 접목
- Communication Diagram: 객체 다이어그램을 확장한 것으로 객체 사이의 연관관계 뿐만 아니라, 각 객체들이 주고받는 메시지들을 나타냄. 유스케이스를 실현하고 시기는 시퀀스 다이어그램의 작성시기와 동일. 구성요소는 Actor, 객체, 메시지 관계, 링크 관계로 구성됨
- Timing Diagram: 시간 흐름 관점에서 객체 상태 변이, 상호작용들을 시각적으로 표현. 일반적으로 실시간 또는 임베디드 시스템에서 많이 사용. 2가지 형식으로 표현(선과 영역으로 상태 변화를 나타냄)

기출문제 풀이

2004년 41번

UML(Unified Modeling Language) 다이어그램(Diagram)이 아닌 것은?

① 클래스 다이어그램(Class Diagram)
② 배치 다이어그램(Deployment Diagram)
③ 흐름 다이어그램(Flow Diagram)
④ 활동 다이어그램(Activity Diagram)

해설 : ③번

- UML은 9가지의 다이어그램으로 구성. 단 UML2.0은 12개의 다이어그램으로 구성.
- 정적 모델(Use Case, Class, Object), 동적 모델(Activity, State, Sequence), 객체 역할 모델(Collaboration, Component, Deployment)

관련지식

1) UML 의 개념

- Unified Modeling Language의 약자로 객체지향 분석(Analysis)과 설계(Design)를 위한 modeling Language이다. 이는 Booch, Rumbaugh(OMT), Jacobson등의 객체지향 방법론(methods)을 통합한 것이다. 또한 객체 기술에 관한 국제 표준화 기구인 OMG(Object Management Group)에서 이미 UML을 표준화로 인정했으며 현재 ver2.x까지 만들어져 있다.

2) 방법론과 Modeling Language의 차이

- 방법론은 생각과 행동을 구조화하는 방법을 명백히 제시한다. 예를 들어 사용자가 하나의 모델을 만들 때, 어떻게, 언제, 무엇을, 왜라는 모든 방법을 제시하는 것이 방법론인 반면에 이러한 모델을 단지 표현하는 것을 모델링 언어라 함.

3) UML 작성 프로세스

- UML Development Process: Requirement Analysis(요구분석) → Analysis(분석) → Design(설계) → Implementation (구현) → Test(테스트)
  - Requirement Analysis(요구분석): Use Case Diagram, 간단한 Class Diagram, Activity Diagram

- Analysis(분석): Class Diagram, Sequence Diagram, Collaboration Diagram, State Diagram, Activity diagram
- Design(설계): Class Diagram, Sequence Diagram, Collaboration Diagram, State Diagram, Activity Diagram, Component Diagram, Deployment Diagram
- Implementation (구현): 결과물로 어떤 다이어그램을 만드는 것보다, 설계 단계를 정정하는 것이 더 필요함.

2005년 28번

다음은 유스케이스(Usecase) 모델이다. 설명이 틀린 것은?

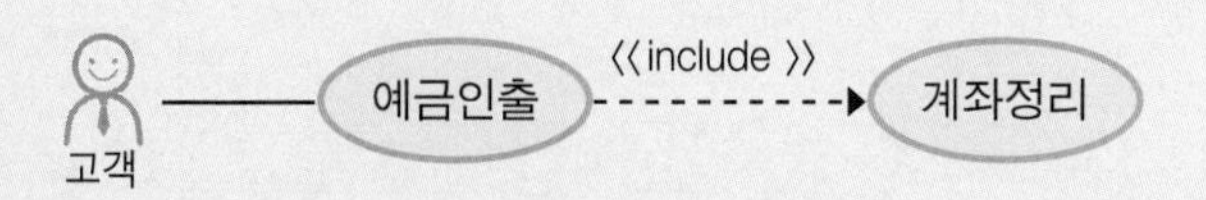

① include는 확장 유스케이스에서 어떤 조건을 만나면 선택적으로 자신의 행동이 다른 유스케이스 행동으로 이동한다.
② 《 》는 스테레오 타입을 의미하며 구현과 관련된 사항은 언급하지 않고 요소의 역할에 추가적인 정보를 제공한다.
③ 예금인출은 실제로 예금계좌를 갱신하지 않고 계좌정리에게 위임하여 처리한다.
④ 고객과 예금인출은 연관관계이며 행위자와 유스케이스가 메시지를 교환함을 뜻한다.

해설 : ①번

- UseCase Relationship 은 include, extends, generalization로 구성, ①번 설명은 Extend에 대한 설명

관련지식

1) 유스케이스 다이어그램
- 순서 있는 액션의 집합을 기술한 것으로 액터에게 혜택이 있는 결과를 제공해야 함. (UML user guide)
- 시스템의 외부기능을 나타내며, 사용자의 요구사항을 추출하고 분석하는 것이 목적

2) 유스케이스 다이어그램 구성요소
- Use case : 액터에게 보이는 시스템의 기능과 외부 동작
- 액터(actor) : 시스템과 상호작용하는 외부 엔티티, 이름과 설명 필요
- 통신 : 액터와 유스케이스와 정보를 교환

3) 다이어그램 설명
- 포함 관계(include) :공통적인 기능으로 표현 방법은 점선 화살표에 《include》라고 표기
- 확장 관계(extend) :어떤 사용 사례가 확장되어 동작이 다름으로 인하여 여러 다른 인스턴스가 있을 때, 어떤 사용 사례가 다른 사용 사례를 포함할 때,예외적인 조건일 때 사용하며 표현 방법을 점선에 화살표 + 《extend》라고 표기

2005년 45번

UML(Unified Modeling Language)에서 유스케이스를 사용하는 이점은?

① 사용자 관점의 요구추출이 용이하다.
② 재사용성이 향상된다.
③ 시스템의 시험이 쉽다.
④ 프로젝트관리가 용이하다.

● 해설 : ①번

유즈케이스는 사용자 관점에서의 요구 사항 추출을 쉽게 할 수 있도록 지원하는 툴로서, 최종 사용자, 분석가, 설계자, 테스트 담당자에게 뷰를 제공

● 관련지식

1) 유스케이스
- 유스케이스는 시스템간의 상호 작용 방법을 이야기하는 것이지 시스템의 내부 구현 방법을 이야기하는 것은 아니다. 즉 사용자가 가지고 있는 욕구는 무엇이고, 이러한 욕구를 충족시켜주기 위해서 시스템이 제공해야 하는 서비스는 무엇이며, 그 서비스를 제공하기 위해서 사용자와 시스템이 어떤 효율적인 방법으로 상호 작용을 하는지에 관한 것이다.
- 유스케이스는 개발될 시스템의 개개 액터에게 측정 가능한 결과를 제공하기 위해 개발될 시스템 안에서 수행되어야 하는 일련의 트랜잭션들이다.
- 유스케이스는 개발될 시스템의 각각의 액터가 시스템 사용 목적을 잘 달성할 수 있도록 개발될 시스템이 제공해야 할 서비스이다.

2) 유스케이스 다이어그램
- Use Case와 Actor 간의 관계 표현
- include : 필수, 점선 화살표
- extend : 선택, 예외적인 조건, 점선 화살표

2006년 42번

UML 에서는 서로 다른 관점에서 시스템을 기술하는 다섯 개의 다른 "뷰(4+1 뷰)"를 이용하여 시스템을 표현한다. 각각의 뷰는 다이어그램들의 집합으로 정의된다. 클래스와 객체, 그리고 관계를 이용한 정적인 모델링을 표현하는 뷰는 어느 것인가?

① Structural model view ② Behavioral model view
③ Implementation model view ④ Environment model view

해설 : ①번

- Use case view : 외부 사용자 관점의 기능
- Structural model view : 정적 모델링
- Behavioral model view : 절차적 관점, 동적 모델링
- Implementation model view : 개발환경 내에서 실제 소프트웨어 모듈의 구성과 관련
- Environment model view : 시스템을 컴퓨터와 디바이스의 node로 전개시켜 표현

관련지식

1) 4+1 뷰

Views	내용	시각
Use Case View	• 요구분석 단계에 사용되는 관점으로 자세한 내부설계에는 사용되지 않음 • 시스템을 사용하는 이벤트와 기능 위주로 표현한다. – Use Case Diagram	사용자 – 기능성
Logical View	• 객체 모델을 의미하며 클래스 Diagram으로 나타낸다. • 시스템의 기능적(functional)요구를 작성한다. • 초기 클래스들의 정적인 그림과 그들의 관계를 제공한다. – Class Diagram, Sequence Diagram	분석/설계자 – 구조
Process View	• 프로세스의 분해에 초점을 두며, 프로세스에 대해 컴포넌트를 할당하는 것을 보여준다. • 동적 모델을 의미한다. – Sequence Diagram, Collaboration Diagram	System Integrator – 성능
Implementation View	• 대규모 시스템을 서브시스템으로 나눌 때 사용한다. • 개발환경 내에서 실제의 소프트웨어 모듈 조직을 관리한다. • Component Diagram은 개발 시 시스템을 구축하는 패키지와 컴포넌트를 생성한다 – Component Diagram	프로그래머
Deployment View	• S/W 서브시스템이 전체 시스템을 구성하는 H/W의 어떤 부분에 배치될 것인가를 표현 – Deployment Diagram	시스템 엔지니어링 – 설치, 인도

2006년 47번

UML 다이어그램에 대한 설명 중 적합하지 않은 것은?

① 유스케이스(Use Case) 다이어그램은 사용자 요구사항을 분석하기 위한 도구이다.
② 시퀀스(Sequence) 다이어그램은 시간이 지남에 따른 클래스간의 상호작용을 기술한다.
③ 클래스(Class) 다이어그램은 시스템이 갖는 정적인 정보들의 관계를 설명해 준다.
④ 상태(State) 다이어그램은 객체가 보유하는 상태와 상태가 전이하는 제어흐름을 표현해 준다.

해설 : ②번

– 시퀀스 다이어그램 : 시간과 순서에 따른 객체 간의 메시지 교환

관련지식

1) UML의 정의

– OMG에서 객체 모델링 기술과 방법론을 표준화 한 것으로 단어 자체가 의하는 언어가 아니고 모델링을 위한 Notation을 말함

2) 다이어그램 종류 및 설명

구분	분 류	내 용
요구 사항	Use Case	– 외부 행위자(Actor)와 시스템이 제공하는 여러 개의 Use Case에 연결 – Use Case들은 시스템의 기능적인 요구를 정의함.
정적 모델링	Class	– 시스템 내 클래스들의 정적 구조를 표현 – 클래스는 객체들의 집합으로 속성(Attribute)과 동작(Behavior)으로 구성됨.
	Object	– 클래스의 여러 Object 인스턴스(Instance)를 나타내는 대신에 실제 사용 – 클래스 다이어그램에서 2가지 예외를 제외하고 동일 표기법을 사용함. – Object 이름에 밑줄 표시를 하며, 관계 있는 모든 인스턴스를 표현함.
	State	– 클래스의 객체가 가질 수 있는 모든 가능한 상태를 나타냄.
동적 모델링	Sequence	– 여러 객체 사이에 동적인 협력 사항을 표현함. – 오브젝트(Object) 사이에 메시지를 보내는 순서를 보여주기 위해 사용함. – 수직선상의 여러 object로 구성되어 시간 혹은 순서가 강조되는 경우 활용
	Collaboration	– 오브젝트(Object)간의 연관성을 표현하며, 내용이 중요한 경우에 이용함.

구분	분 류	내 용
동적 모델링	Activity	– 행위(Activity)의 순서적 흐름을 표시함. – 연산자로 수행된 활동 상황(Activity)을 설명키 위해 사용함.
	Component	– 코드 컴포넌트(Code component)에 바탕을 둔 코드의 물리적 구조를 표현 – 컴포넌트(component)는 논리적 클래스 혹은 클래스 자신의 구현에 표현 – 실질적인 프로그래밍 작업에 사용함.
	Deployment	– 시스템 하드웨어와 소프트웨어간의 물리적 구조를 표현하며, 실질적인 컴퓨터와 Device간의 관계를 표현하는데 이용함. – 컴포넌트(Component) 사이의 종속성을 표현함.

2007년 41번

아래는 기능 요구사항 명세서이다.이를 통해 작성된 유스케이스 다이어그램으로 적합한 것은?

A 병원은 환자들의 진료를 보다 원활히 하기 위해서 진료 예약시스템을 개발하기로 하였다. 환자들은 진료를 받기 전에 예약을 할 수 있으며, 당일에는 예약을 할 수 없다. 예약한 환자들 가운데 사정상 진료 받기 어려운 경우에는 예약을 취소할 수 있으며, 로그인 상태에서 자신의 예약정보를 조회할 수도 있다. 환자가 예약 관련 업무를 수행하기 위해서는 반드시 로그인이 되어 있어야 한다. 경우에 따라서는 간호사가 환자 대신에 예약 관련 업무를 수행할 수도 있다. 의사는 환자를 진료하면서 환자의 진료 정보를 시스템에 기록하고, 처방전을 작성한다. 진료가 끝나면, 간호사는 처방전을 환자에게 제공하고, 환자에게 진료비를 청구한다. 환자는 수납이 끝나면 다음 진료를 예약한다.

①

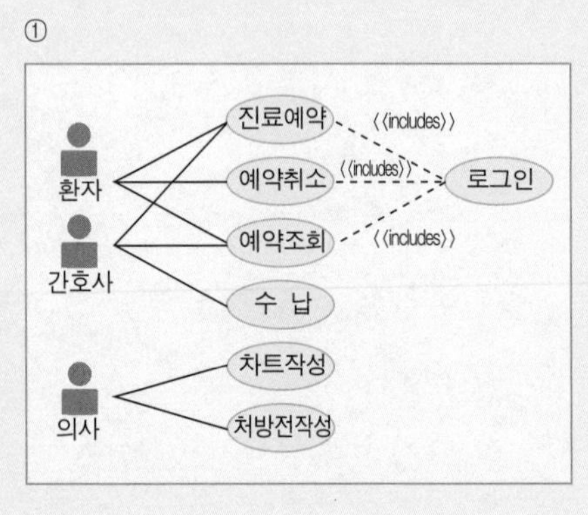

②

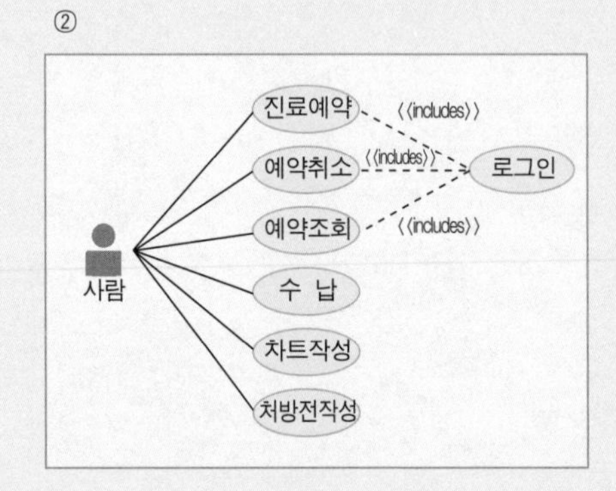

③

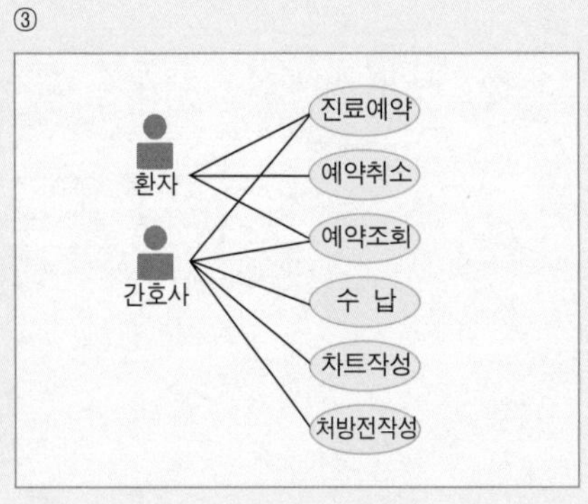

④

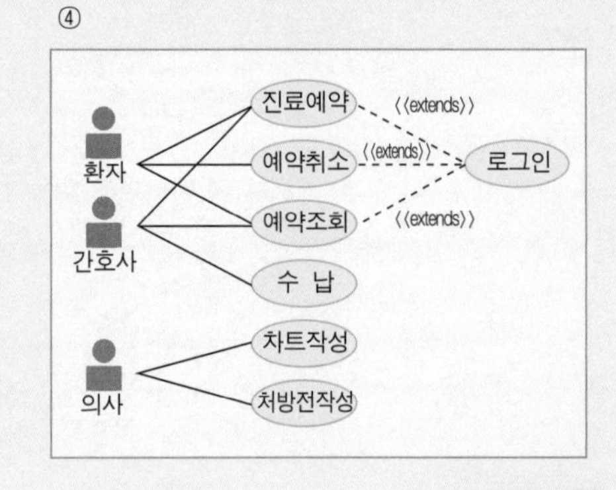

● **해설 :** ①

– Actor : 의사,환자, 간호사, 반드시 로그인 (필수 ,Includes)

관련지식

1) UML표기와 의미

- UML에서는 표기 하려는 대상을 다이어그램을 사용하여 나타내고 그 대상에 의미를 부여한다.

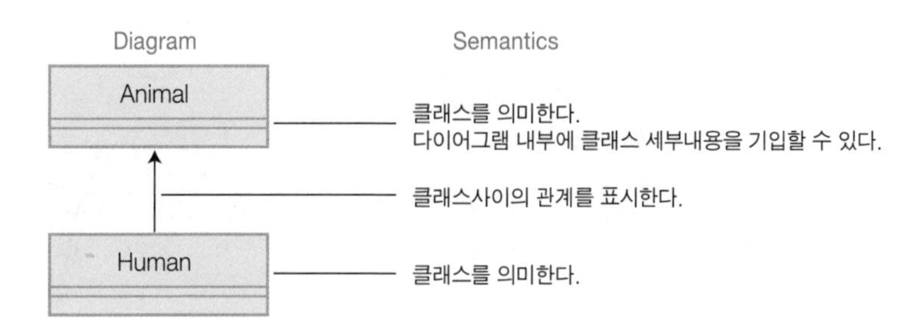

2) 유스케이스 다이어그램

- 순서 있는 액션의 집합을 기술한 것으로 액터에게 혜택이 있는 결과를 제공해야 함(UML user guide)
- 시스템의 외부기능을 나타내며, 사용자의 요구사항을 추출하고 분석하는 것이 목적

3) 유스케이스 다이어그램 구성요소

- use case : 액터에게 보이는 시스템의 기능과 외부 동작
- 액터(actor) : 시스템과 상호작용하는 외부 엔티티, 이름과 설명 필요
- 통신 : 액터와 유스케이스와 정보를 교환

4) 유스케이스 다이어그램 상세 설명

- 포함 관계(include) :공통적인 기능(표현 : 점선 화살표 + 《include》)
- 확장 관계(extend) :어떤 사용 사례가 확장되어 동작이 다름으로 인하여 여러 다른 인스턴스가 있을 때, 어떤 사용 사례가 다른 사용 사례를 포함할 때, 예외적인 조건일 때 사용.
  (표현 : 점선 화살표 + 《extend》)

2007년 47번

다음은 UML의 한 다이어그램에 대한 설명이다. 무엇에 대한 설명인가?

시스템의 동적인 모습을 나타내는 이 다이어그램은 사건에 따라 순차적으로 발생하는 한 객체의 상태변화를 표현한다.

① 스테이트 차트(Statechart) 다이어그램
② 협력(Collaboration) 다이어그램
③ 액티비티(Activity) 다이어그램
④ 컴포넌트(Component) 다이어그램

해설 : ①번

- 스테이트 차트는 클래스의 객체가 가질 수 있는 모든 가능한 상태를 나타냄.

관련지식

1) 스테이트 차트(Statechart) 다이어그램
- 클래스의 객체가 가질 수 있는 모든 가능한 상태를 나타냄.
- 객체의 상태 변화를 표현하고, 이벤트의 변화를 표현

2) 협력(Collaboration) 다이어그램
- 오브젝트(Object)간의 연관성을 표현하며, 내용이 중요한 경우에 이용함.
- 순서 다이어그램처럼 객체들 사이에 동적인 협력사항을 표현
- 객체들간의 관계성을 잘 표현하며 주어진 객체에 대한 모든 영향의 이해와 절차적 설계에 유리
- 시간/순서가 강조되어야 할 특징이라면 순서 다이어그램을 선택해야 하고, 내용이 시간/순서보다 강조되어야 할 특징이라면 협력 다이어그램을 선택해야 함
- 순서 다이아그램과 협력 다이아그램을 합하여 인터랙션 다이어그램이라 함

3) 액티비티(Activity) 다이어그램

1-1) 정의
- 비즈니스 업무영역이나 시스템 영역에서 다양하게 존재하는 각종 처리로직이나 조건에 따른 처리흐름을 순서에 입각하여 정의한 모델

1-2) **특징**

- 행위(Activity)의 순서적 흐름을 표시함.
- 연산자로 수행된 활동 상황(Activity)을 설명키 위해 사용함.
- 관련 산출물은 배치 Use Case Realization 시 순서도 작성

1-3) **목적**

- 대상에 상관없이 처리 순서를 표현하기 위해 작성
- 비즈니스 프로세스를 정의
- 프로그램 로직을 정의
- 유즈케이스를 실현(Realization)

4) **컴포넌트(Component) 다이어그램**

- 컴포넌트간의 인터페이스를 표현하고, 인터페이스 중심으로 표현
- 실질적인 프로그래밍 작업에 사용함.

2007년 49번

UML 다이어그램의 설명 중 틀린 것은?

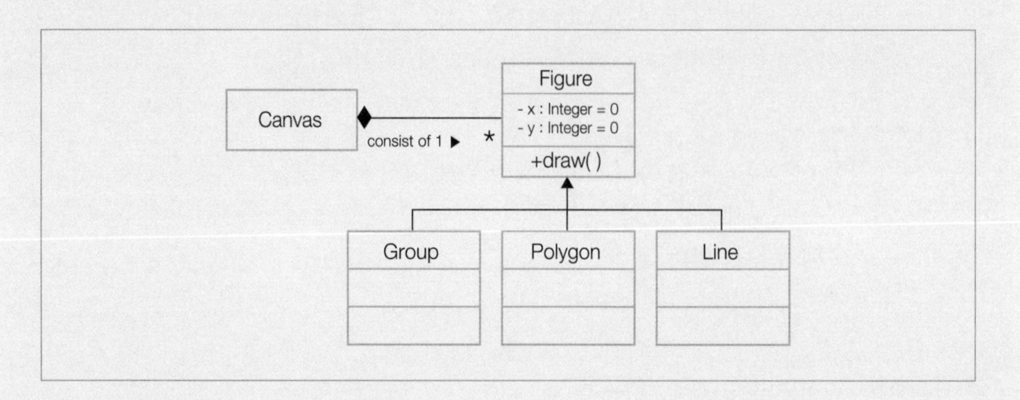

① draw()는 public으로 사용된다.
② 변수 x는 private로 사용된다.
③ Figure는 다수의 Canvas로 구성된다.
④ Figure는 Group, Polygon, 혹은 Line이 될 수 있다.

해설 : ③번

- Canvas의 부분이 Figure(Figure가 다수)이고, Group, Polygon, Line은 Figure에서 상속

관련지식

1) 클래스 다이어그램

- 클래스아이콘은 3개의 구획을 가진 단순한 사각형이다. (상단부분은 클래스명 , 중간부분은 속성명(Attribute),하단은 Operation을 기록)
- 클래스 다이어그램의 구성요소

구성요소	의미
클래스	모델링 하고자 하는 시스템의 내부 개념을 표현하며, 클래스 이름, attribute(속성), operation으로 구성되어 있다.
관계	클래스 사이의 존재하는 다양한 관계를 의미한다.(연관,합성,상속, Aggregation / Association, 일반화, Dependency, 상세관계, 링크, Interfaces)
다형성	하나의 오퍼레이션이 다른 클래스에서 다른 의도로 사용되는 것을 의미한다.

2) 상속(Inheritance)

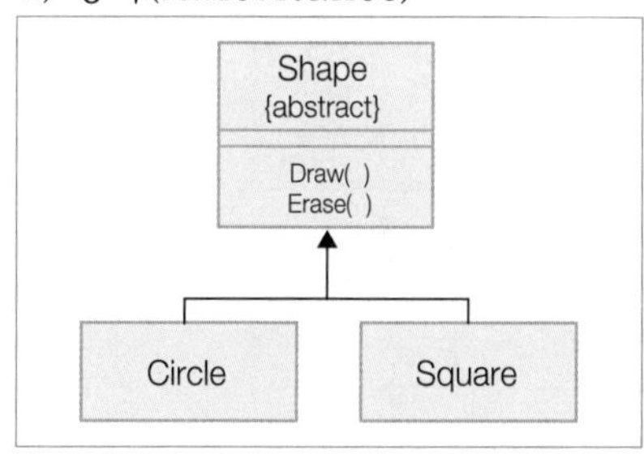

- 상속(Inheritance)은 속이 빈 화살표머리 표식으로 표현
- Circle과 Square가 Shape로부터 파생
- {abstract}는 Shape Class가 추상(Abstract)Class을 의미

3) Association

- Association (다아이몬드 표시)중 전체와 부분의 관계를 표시하기 위해서 Aggregation relationship을 사용한다. 예를 들어 회사와 업무부서의 관계일 경우 업무부서는 회사의 부분이 되고 회사는 업무부서의 전체가 된다.

2008년 32번

다음은 UML의 상태 머신(State Machine) 다이어그램이다. OFF 상태에서 powerOn 이벤트가 수행된 후의 시스템 상태는?

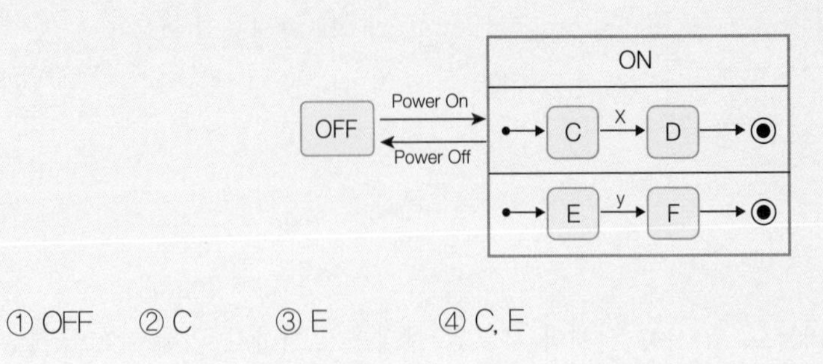

① OFF ② C ③ E ④ C, E

● **해설 : ①,②,③,④번(모두정답)**

● **관련지식**

1) 상태 머신 다이어그램 정의

- 사건이나 시간에 따라 시스템 객체의 상태 변화를 표현한 다이어그램, 단일객체의 상태를 나타내고, 시스템의 변화를 잡아내기 위하여 사용.
- 실시간적인 응용프로그램의 제어 process또는 공동으로 작업하는 처리 작업을 포함하는 system들의 작업을 할 때 사용
- 오브젝트가 가질 수 있는 모든 상태와 어떠한 event를 받았을때 결과로 어떠한 상태로 변화하는지를 나타내는 다이어그램

2) 상태 머신 다이어그램의 사용

- 시스템의 변환
- 객체의 상태 전이와 상태 전이 시퀀스의 시작점과 종료점을 표시
- 상태 기계(state machine)
- "단일 객체"의 상태를 나타냄

3) 상태 머신 다이어그램의 표현

- 표현방법 : 상태의 표현, 상태 전이의 시작점, 상태 전이의 종료점, 상태 전이선
- 상태아이콘에 들어갈 정보(구성) : 상태명(필수) , 상태변수, 액티비티 (사건과 동작으로 구성 – 진입(entry), 탈출(exit), 활동(do))
- 상태 전이선에 추가되는 정보 : 사건 (trigger event, triggerless transition) , 동작

2008년 40번

다음의 클래스 다이어그램에 따른 샘플 소스코드 중 올바른 것을 모두 고른 것은?

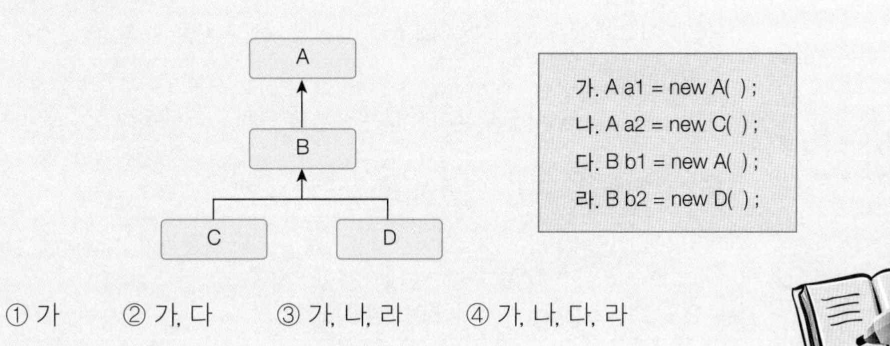

① 가 ② 가, 다 ③ 가, 나, 라 ④ 가, 나, 다, 라

● 해설 : ③번

그림은 상속(Inheritance)관계를 나타낸다. 이 다이어그램에서 C, D는 B에서 상속 받고, B는 A에서 파생됨을 나타낸다.

● 관련지식

1) 다이어그램 종류 및 설명

구분	분 류	내 용
요구사항	Use Case	– 외부 행위자(Actor)와 시스템이 제공하는 여러 개의 Use Case에 연결 – Use Case들은 시스템의 기능적인 요구를 정의함.
정적 모델링	Class	– 시스템 내 클래스들의 정적 구조를 표현 – 클래스는 객체들의 집합으로 속성(Attribute)과 동작(Behavior)으로 구성됨.
	Object	– 클래스의 여러 Object 인스턴스(Instance)를 나타내는 대신에 실제 클래스를 사용함. – 클래스 다이어그램에서 2가지 예외를 제외하고 동일 표기법을 사용함. – Object 이름에 밑줄 표시를 하며, 관계 있는 모든 인스턴스를 표현함.
	State	– 클래스의 객체가 가질 수 있는 모든 가능한 상태를 나타냄.
동적 모델링	Sequence	– 여러 객체 사이에 동적인 협력 사항을 표현함. – 오브젝트(Object) 사이에 메시지를 보내는 순서를 보여주기 위해 사용함. – 수직선상의 여러 오브젝트(Object)로 구성되어 시간 혹은 순서가 강조되어야 할 경우 사용함.
	Collaboration	– 오브젝트(Object)간의 연관성을 표현하며, 내용이 중요한 경우에 이용함.

구분	분 류	내 용
동적 모델링	Activity	– 행위(Activity)의 순서적 흐름을 표시함. – 연산자로 수행된 활동 상황(Activity)을 설명키 위해 사용함.
	Component	– 코드 컴포넌트(Code component)에 바탕을 둔 코드의 물리적 구조를 표현 – 컴포넌트(component)는 논리적 클래스 혹은 클래스 자신의 구현에 대한 정보 표현 – 실질적인 프로그래밍 작업에 사용함.
	Deployment	– 시스템 하드웨어와 소프트웨어간의 물리적 구조를 표현하며, 실질적인 컴퓨터와 Device간의 관계를 표현하는데 이용함. – 컴포넌트(Component) 사이의 종속성을 표현함.

2) 클래스 다이어그램

– Class diagram의 경우 여러 가지 객체들의 타입, 즉 클래스들을 표현하고 그 클래스들의 정적인 관계(associated, dependent, specialized, packaged)를 표현한다. 이러한 정적인 요소는 시스템의 life cycle과 수명을 같이하며 하나의 시스템은 여러 개의 class diagram으로 표현이 가능하다.

– 클래스의 표기는 위 그림과 같다. 직사각형 안에 영역을 세부분으로 나누고 가장 윗 부분은 클래스의 이름, 중간 부분은 attribute들을, 하단 부분은 operation들을 기입한다.

– Relationship에는 크게 Dependency, Associations, Generalization, Refinment나누고 다시Association을 Composition, Aggregation로 나눈다.

ClassName
Attribute
Operation( )

2008년 46번

동사무소에서 사용하는 주민등록의 세대와 구성원 간의 관계를 가장 잘 표현한 클래스 다이어그램은?

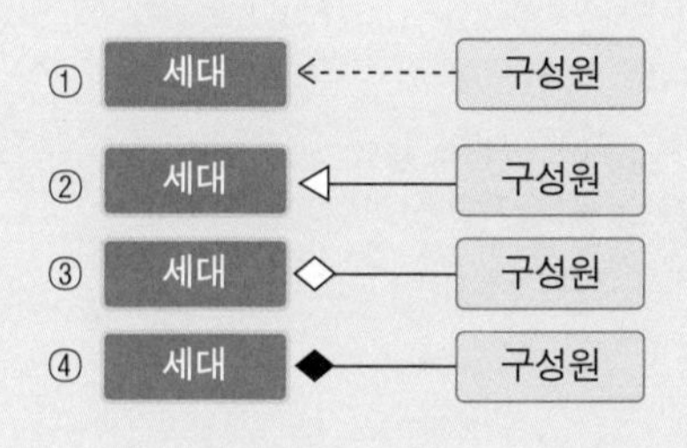

해설 : ③번

- 세대와 구성원은 전체와 부분의 연관관계를 가지고 있음

관련지식

1) 클래스 다이어그램

- 클래스의 Property 에 이를 대표하는 짧은 명사나 명사구로 이름을 붙인 것
- 클래스 다이어그램의 기본구성요소는 클래스를 나타내는 아이콘이다. (단, Attribute 부분과 Operation 부분은 생략이 가능하다.)
- 상단부분은 클래스명, 중간부분은 속성명(Attribute), 하단은 Operation을 기록

2) 클래스 다이어그램의 관계성

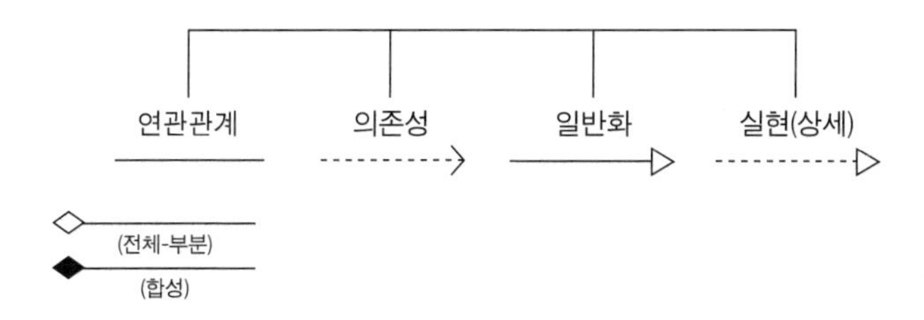

관련성	간단한 의미
연관관계(Association)	객체 간의 일련의 링크(link)를 설명.
의존성(Dependency)	한 사물에서의 변화가 종속된 다른 것의 의미에도 영향을 준다.
일반화(Generalization)	한 원소는 다른 원소의 상세화로 보다 일반적 원소를 대신해서 사용 가능.
실현(Realization)	분류자 간의 관련성으로 한 분류자는 다른 분류자가 반드시 만족해야 하는 계약사항을 명세.

2009년 29번

객체 지향 분석 설계에서 유스케이스가 만족해야 하는 특성을 설명하는 것 중 가장 거리가 먼 것은?

① 하나의 유스케이스는 일련의 액션들로 표현된다.
② 유스케이스는 시스템이 제공하는 기능이다.
③ 유스케이스는 액터가 관찰 할 수 있는 결과를 산출한다.
④ 하나의 유스케이스는 여러 variants를 포함하지 않는다.

해설 : ④번

하나의 유스케이스는 여러 variants를 포함

관련지식

1) UML의 개념
- 객체지향 분석(Analysis)과 설계(Design)를 위한 모델링 언어
- UML에서는 표기 하고자 하는 오브젝트를 다이아그램으로 표현하고 그 오브젝트에 의미를 부여

2) 유스케이스 다이어그램
- 순서 있는 액션의 집합을 기술한 것으로 액터에게 혜택이 있는 결과를 제공해야 함(UML user guide)
- 시스템의 외부기능을 나타내며, 사용자의 요구사항을 추출하고 분석하는 것이 목적

3) 유스케이스 다이어그램 구성요소
- use case : 액터에게 보이는 시스템의 기능과 외부 동작
- 액터(actor) : 시스템과 상호작용하는 외부 엔티티, 이름과 설명 필요
- 통신 : 액터와 유스케이스와 정보를 교환

4) 다이어그램 설명
- 포함 관계(include) :공통적인 기능(표현 : 점선 화살표 + 〈〈include〉〉)
- 확장 관계(extend) :어떤 사용 사례가 확장되어 동작이 다름으로 인하여 여러 다른 인스턴스가 있을 때, 어떤 사용 사례가 다른 사용 사례를 포함할 때, 예외적인 조건일 때 사용 (표현 : 점선 화살표 + 〈〈extend〉〉)

2009년 30번

다음은 UML의 한 다이어그램에 대한 설명이다. 무엇에 대한 설명인가?

> 각 컴포넌트 클래스를 전체 클래스 안에서 위치시킴으로써 클래스의 내부 구조가 어떤 것으로 이루어져 있는지 살펴보는 데에 유용하다.

① 배치 다이어그램 (deployment diagram)
② 합성 구조 다이어그램 (composite structure diagram)
③ 활동 다이어그램 (activity diagram)
④ 상태 머신 다이어그램 (state machine diagram)

해설 : ②번

- 합성구조 다이어그램: 시스템 내부 구조(아키텍처)를 표현할 수 있으며, 이들 사이의 interface들과 연결 관계를 나타냄. 시스템의 태스크(task)를 함께 수행하는 참여자(participants) 들의 관계(relationship)와 구조(structure)의 기술(description)과 하나의 시스템을 위한 plug-substitutability를 이루기 위해 이 내부구조를 캡슐화/분리(encapsulate/isolate) 할 수 있는 기능을 지원한다. Meta class 개념을 지원한다.
- Structured classifiers란 Classes, Collaborations, Components를 가리키며, Structured classifiers의 핵심 구조는 Part, Connector, Port

관련지식

1) UML2.0에서 중요 다이어그램 설명

- 배치 다이어그램 : 런타임 프로세싱 요소들과 그 곳에서 운영할 소프트웨어 구성 요소들을 표시
- 합성구조 다이어그램: 시스템 내부 구조(아키텍처)를 표현할 수 있으며, 이들 사이의 interface들과 연결 관계를 나타냄. 시스템의 태스크(task)를 함께 수행하는 참여자(participants) 들의 관계(relationship)와 구조(structure)의 기술(description)과 하나의 시스템을 위한 plug-substitutability를 이루기 위해 이 내부구조를 캡슐화/분리(encapsulate/isolate) 할 수 있는 기능을 지원한다. Meta class 개념을 지원한다. (Structured classifiers란 Classes, Collaborations, Components를 가리키며, Structured classifiers의 핵심 구조는 Part, Connector, Port)
- 상태 머신 다이어그램: State Machine Diagram은 UML1.x에서는 보조적인 역할을 하는 Diagram이었으나, UML2.0에서는 실행 가능한 모델을 디자인하기 위한 중요한 Diagram

Meta-model refactoring 개념을 비롯한 새로운 개념들이 추가. Entry/exit points를 사용한 캡슐화가 가능해졌으며, transition-oriented notation을 비롯한 여러 notation이 강화. 그리고 실제 event와 action에 대한 부분을 상세히 기술 가능.

- Sequence Diagram : Sequence Diagram은 UML2.0에서 많이 강화된 Diagram이다. 이는 MSC의 개념을 받아들여 기존의 단순히 message를 주고 받는 수준에서 encapsulation 기능을 포함한 많은 추가적인 notation이 포함되었다
- Component Diagram : UML2.0에서는 보다 CBD 패러다임에 맞는 Component Diagram을 제공. Structured classifier의 개념으로 meta class 개념을 가지고 있어, 내부에 구조를 그릴 수 있는 방식을 사용
- Interaction Overview Diagram : 수많은 시나리오들(하나의 success 시나리오와 많은 alternative flows와 error flows들)이 복잡하게 얽혀 있을 때, 이를 보다 쉽게 볼 수 있도록 하기 위해 UML2.0에서 새롭게 추가된 특별한 형태의 activity diagram
- Collaboration Diagram : 객체 관점에서 객체들의 상호작용과 그들의 관계를 표시

2009년 35번

다음은 어느 대학의 성적 처리에 대한 문제 기술의 일부분이다. 이를 가장 잘 표현하는 클래스 다이어그램을 고르시오?

> 학생은 강의를 3개 이상, 7개 이하 수강 가능하다. 한 강의에서는 학생이 최소 10명에서 최대 50명까지 수강이 가능하다. 학기 종료 후 학생은 성적표를 받는다. 성적표에서 해당 학기에 수강한 과목의 성적이 모두 나열되어 있다.

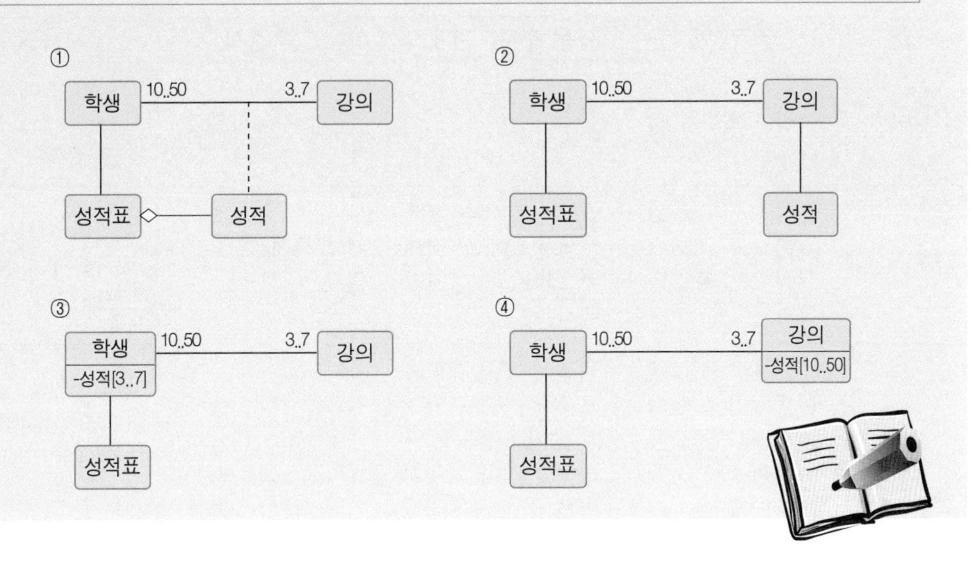

해설 : ①번

학생과 강의는 연관관계, 학생과 성적표도 연관관계, 성적표와 성적은 전체와 부분관계 표시

관련지식

1) 클래스 다이어그램

- Class diagram의 경우 여러 가지 객체들의 타입, 즉 클래스들을 표현하고 그 클래스들의 정적인 관계(associated, dependent, specialized, packaged)를 표현한다. 이러한 정적인 요소는 시스템의 life cycle과 수명을 같이하며 하나의 시스템은 여러 개의 class diagram으로 표현이 가능하다.
- 클래스의 표기는 위 그림과 같다. 직사각형 안에 영역을 세 부분으로 나누고 가장 상단 부분은 클래스의 이름, 중간 부분은 attribute들을, 하단 부분은 operation들을 기입한다.
- Relationship에는 크게 Dependency, Associations, Generalization, Refinement나누고 다시Association을 Composition, Aggregation로 나눈다.

2) Association

– Association (다아이몬드 표시)중 전체와 부분의 관계를 표시하기 위해서 Aggregation relationship을 사용한다. 예를 들어 회사와 업무부서의 관계일 경우 업무부서는 회사의 부분이 되고 회사는 업무부서의 전체가 된다.

	연관관계	전체부분 관계	상속관계	사용관계
관계	클래스 사이에 영구적인 의미가 있는 관계	명확한 전체 부분 개념	일반적, 구체적 관계	한 클래스에서 다른 클래스 객체의 서비스를 사용
유지기간	클래스 상태의 일부분으로 객체가 살아있는 동안만 유지	클래스 상태의 일부분으로 클래스 객체가 살아있는 동안만 유지	서브 클래스가 정의될 동안 영구적	클라이언트나 서버 메소드가 활성된 경우만 관계 유지
구현	관련된 객체에 대한 인스턴스 변수를 정의, 다중도를 위하여 컨테이너 객체 사용	링크에 대한 레퍼런스를 인스턴스 변수로 정의, 다중도를 위하여 컨테이너 객체 사용	상속을 사용, java의 경우 서브클래스가 슈퍼클래스를 확장	클라이언트 클래스 메소드가 서버 클래스에 대한 레퍼런스를 매개변수로 가짐
UML				

2009년 40번

다음 C++ 클래사 A, B를 UML 클래스 다이어그램으로 나타내었을 때 클래스 A, B간에 존재하는 관계로 가장 적절한 것은?

```
# include <stdlib.h>

class A {
public :
int value ( )
{
 return rand( ) ;
}
} ;
```

```
Class A {
int num ;
public :
void init()
{
 A a;
 num = a.value( );
}
} ;
```

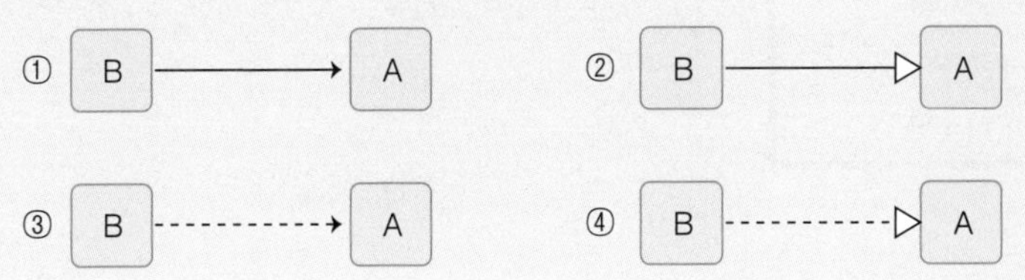

● 해설 : ③번

- A는 B에 의존관계로 표현

● 관련지식

1) Class diagram과 C++

1-1) ⟶ : 단일연관 (자바)

1-2) ·····> : Dependency(의존) Relationship (C++)

1-3) ——▷ : Generalization(일반화) Relationship : 클래스간의 상속관계 ('is-a', 'kind-of' 관계)

1-4) ······▷ : Realization(실현) Relationship (java)

1-5) Aggregation(집합) ◆——, Composition(복합) ◇—— Relationship

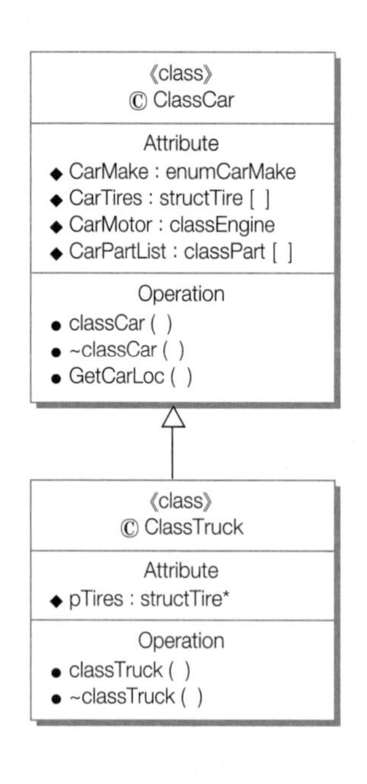

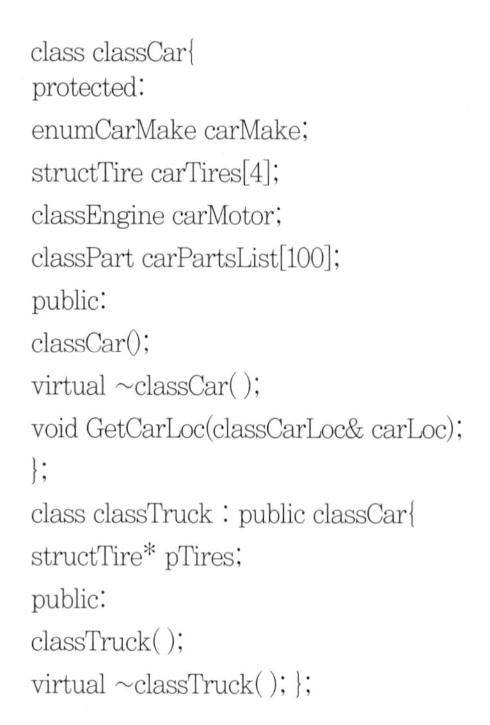

```
class classCar{
protected:
enumCarMake carMake;
structTire carTires[4];
classEngine carMotor;
classPart carPartsList[100];
public:
classCar();
virtual ~classCar( );
void GetCarLoc(classCarLoc& carLoc);
};
class classTruck : public classCar{
structTire* pTires;
public:
classTruck( );
virtual ~classTruck( ); };
```

[의존 관계의 예]

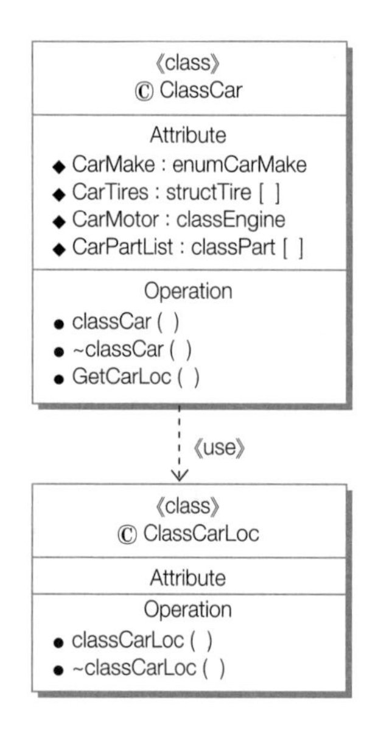


```
class classCar{
enumCarMake carMake;
structTire carTires[4];
classEngine carMotor;
classPart carPartsList[100];
public:
classCar();
virtual ~classCar();
void GetCarLoc(classCarLoc&  carLoc);
};
```

[설명]

- GetCarLoc 내부에서만 레퍼런스가 이루어짐
- GetCarLoc은 classCarLoc에 의존
- classCarLoc이 변경되었을 때, GetCarLoc을 수정해야 한다.
  → GetCarLoc은 classCarLoc을 사용한다.

2009년 45번

다음 중에서 서로 관련이 없는 항목으로 묶여진 것은 어느 것인가?

① 동치 분할 - 경계값 분석 - 원인/결과 그래프
② 문장 검증 기준 - 경로 검증 기준 - 조건 검증 기준
③ 순차 다이어그램 - 상태 다이어그램 - 활동 다이어그램
④ 연관(association) - 전체/부분 관계 (whole/part) -인스턴스

해설 : ④번

- 연관은 UML의 다이어그램 관계를 표현, 인스턴스는 프로그램에서 실제 객체가 메모리에 상주해서 실행 가능한 형태의 Class를 말함.

관련지식

1) 테스트
- 블랙 박스 테스트: 동등 분할, 경계값 분석, Cause-Effect 그래프, 오류예측기법
- 화이트 박스 : 문장 검증 기준, 경로 검증 기준, 조건 검증 기준 테스트

2) UML
- 다이어그램 : 순차, 상태, 활동
- 연관 관계 : 두개 이상의 클래스들 사이의 연속적인 정적인 의존관계를 표현(클래스간의 의미적 연결)
  → 집합연관 (Part-of)
  → 복합연관 (집합연관보다 강한 결합 관계, 검정 다이아몬드)

3) 인스턴스
- 프로그램(예:객체 지향 프로그래밍(OOP)) 실제 객체가 메모리에 상주해서 실행 가능한 형태의 Class

2010년 31번

다음 중에서 각 유스케이스에 대한 구체적인 명세를 담는 유스케이스 명세서에 대한 작성 방법으로 가장 거리가 먼 것은?

① 유스케이스 명세서의 개요 항목은 유스케이스의 일부 기능이 아니라 전체적인 기능이 명확하게 요약되어 기술된다.
② 유스케이스 시나리오(또는 이벤트 흐름)는 액터와 시스템의 행위를 한 문장에 기술함으로써 간단하게 시나리오를 작성하는 것이 중요하다.
③ 기본 시나리오 뿐만 아니라 중요한 대안 시나리오들도 기술함으로써 완전성을 높이도록 한다.
④ 유스케이스에 대한 선행 조건과 후행조건은 이후 분석/설계/구현 단계에서 사용될 수 있도록 구체적이어야 한다.

해설 : ②번

- 유스케이스 시나리오는 목표 시스템의 기능 등을 파악함으로써 향후에 유스케이스 다이어그램을 작성하고, 상세한 시스탬의 기능들을 도출하는데 기초가 되는 문서
- 유스케이스 명세서는 행위자의 시스템에 대한 요구사항을 바탕으로 시스템 및 유스케이스가 파악되는데, 문제영역의 범위를 설정하고 시스템의 기능을 상세하게 정의

관련지식

1) 유스케이스
- 어떤 시스템이나 서브시스템 또는 시스템 사이에서 서로 교환되는 일련의 메시지들로 표현되는 특정한 목표 기능을 수행하는 유사한 처리기능들의 단위를 나타냄
- 표현 : 유스케이스 명을 갖는 타원형으로 나타냄

2) 액터
- 시스템의 사용자들이 시스템과 상호작용을 할 때 수행하는 역할들을 정의함
- 표현 : 액터의 표준 아이콘은 그림 아래 이름을 가지고 있는 서있는 사람으로 표현

3) 유스케이스 시나리오
- 주로 사용자가 요구하는 목표시스템의 업무기능적 요구사항과 비기능적 요구사항을 간략하게 적음
- 표현 : 텍스트 형태의 문장으로 작성하고, 여러가지 형태로 작성할 수 있는데, 목표시스템의 내용을 가장 잘 나타냄

4) 유스케이스 명세서

- 행위자의 입력 시스템의 출력, 그리고 이러한 입출력을 처리하기 위한 시스템의 내부 처리 활동 등이 주로 정의됨
- 표현 : 텍스트 형태의 문장으로 작성함

2010년 43번

다음은 UML 다이어그램들 중에서 협동 다이어그램과 인터랙션 측면에서 같은 정보를 담고 있는 다이어그램은 무엇인가?

① 상태 다이어그램 (State Diagram)
② 액티비티 다이어그램 (Activity Diagram)
③ 순서 다이어그램 (Sequence Diagram)
④ 클래스 다이어그램 (class Diagram)

해설 : ③번

- Sequence Diagram과 Colleboration Diagram이 Interaction Diagram에 속한다.

관련지식

1) 상태 다이어그램
- 다이어그램의 각 부분이 시간에 따라 어떻게 변화하는지를 나타냄
- 사건에 반응하여 일으키는 시스템 내 객체의 상태변화를 시간을 축으로 표현
- 시스템의 변화를 표현
- 한 객체에 일어날 수 있는 변화의 양상 표현
- 상태의 전이, 시작점, 종료점이 표시

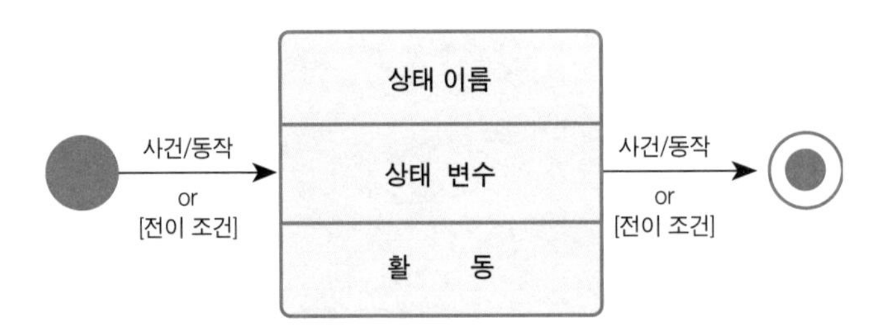

2) 액티비티 다이어그램 (Activity Diagram)
- 처리 로직이나 조건에 따른 처리흐름을 순서에 따라 정의한 모델
- 일(Activity)의 수행 순서와 처리흐름 모델링. 플로우 차트와 용도 비슷.
- 프로그램 로직 정의 : 처리흐름의 도식화로 프로그램 로직 정의 가능

3) 순서 다이어그램 (Sequence Diagram)
- 시스템의 동적구조, 즉 객체와 객체그룹사이, 객체와 객체사이, 객체그룹과 객체그룹사이의

동적인 행위 기술
- 시간(Time), 객체(Object), 메시지(Message)로 구성

4) **클래스 다이어그램** (class Diagram)
- SW의 기본구성단위인 클래스와 그들간의 관계 정의
- 작성 순서 : 클래스 정의 → 속성, 오퍼레이션 정의 → 클래스간 관계정의

2010년 46번

객체지향 분석에서는 유스케이스를 바탕으로 엔티티 클래스, 경계 클래스, 제어 클래스를 도출한다. 다음의 설명 중에서 가장 적절하기 않은 것은?

① 엔티티 클래스는 유스케이스에 명시된 시스템의 비즈니스 로직을 제공하는 클래스이다.
② 시스템과 사용자 및 외부 시스템과의 상호작용은 경계 클래스가 제공한다.
③ 엔티티 클래스, 경계 클래스, 제어 클래스들 간의 상호작용은 시퀀스 다이어그램을 이용하여 표현할 수 있다.
④ 경계 클래스는 상호작용 대상의 유형에 따라서 설계/구현 단계에서의 구체화 방법이 달아진다.

해설 : ①번

- 제어 클래스는 제공할 유스케이스의 제어 로직 및 비즈니스 로직을 제공
- 클래스에 대한 세 가지의 개념적 스테레오타입 제공 : 〈〈control〉〉, 〈〈entity〉〉, 〈〈boundary〉〉

관련지식

1) 엔티티 클래스
- 영속적인 정보(시스템의 수행이 종료되어도 그 값이 유지되어야 하는 정보와 그 정보에 대한 조작 기능을 제공하는 클래스
- 시스템에서 계속 추적해야 할 자료가 들어 있는 클래스
- 예를들어 온라인 서점 시스템의 경우에는 등록된 도서와 사용자에 대한 정보는 시스템이 종료되어도 계속 유지

2) 경계 클래스
- 시스템 외부의 액터와 상호 작용하는 클래스로 사용자 인터페이스를 제어하는 역할
- 액터와 연결된 시스템의 인터페이스 표현
- 사용자 인터페이스를 개괄적으로 모형화

3) 제어 클래스
- 제공할 유스케이스의 제어 로직 및 비즈니스 로직을 제공하는 클래스
- 경계 클래스와 엔티티 클래스 사이에 중간 역할
- 경계 클래스로부터 정보를 받아 엔티티 클래스에 전달
- 자료를 다른 클래스로부터 받아 처리하는 것이 주임무인 클래스

2010년 47번

다음 UML 다이어그램은 Car에 하나의 Engine과 2개의 Wheel이 있음을 보여준다. 그리고 Engine과 Wheel간의 연결도 보여주고 있다. 이 다이어그램의 종류는 무엇인가?

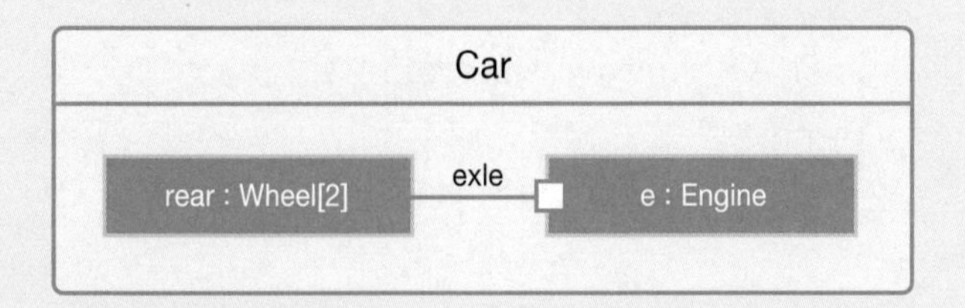

① 클래스 다이어그램 (class Diagram)
② 컴포넌트 다이어그램 (Component Diagram)
③ 복합 구조 다이어그램 (Composite Structure Diagram)
④ 배치 다이어그램 (Deployment Diagram)

해설 : ③번

- 복합 구조 다이어그램은 시스템의 타 부분들로의 분류자 인터렉션 포인트들을 포함하는 어떤 분류자의 내부 구조를 묘사하는 다이어그램
- 복합 구조 다이어그램은 각 부분들은 name:class 형태로 이름 붙여짐. (밑줄을 그어 표기하지 않고, 굵게 표기)

관련지식

1) 클래스 다이어그램 (class Diagram)
- Class, Interface, Collaboration 간의 관계를 나타내며 객체 지향 시스템 모형화에서 가장 공통적으로 많이 쓰이는 다이어그램
- 시스템 내 클래스들의 정적 구조를 나타냄 (객체들의 타입 명세, 클래스의 속성과 오퍼레이션 명세)
- 클래스와 객체들 사이의 관계 표현, 객체들 사이의 제약사항을 명세
- 구성요소 : 클래스, 관계 (다중관계, 의존관계, 일반화 관계, 실체화 관계, 집합/연관 관계)
- 인터페이스 : 객체의 구현이나 상태를 명세하지 않고 행위만 명세, 인터페이스는 메소드 서식만 가지고 있기 때문에 추후에 사용자가 재정의 해서 사용

2) 컴포넌트 다이어그램 (Component Diagram)
- 실행모듈(컴포넌트)을 정의하고 실행모듈 간의 정적 상호작용을 정의한 모델
- 물리적 구성요소들로 실행모듈(컴포넌트) 구성되고 그들간의 의존성을 정의

- 실행모듈 뿐 아니라 소스코드, 데이터베이스 등의 상호작용도 표기
- 구성요소는 컴포넌트, 인터페이스, 의존관계, 실체화 관계
- UML1.0의 표기법이 2.0에서 약간 변경됨

3) **복합 구조 다이어그램** (Composite Structure Diagram)
- UML 2.x에서 새롭게 제시된 구조
- 각 구성요소들과 그 요소들이 어떻게 분리/연결되는지 표현.
- 복잡한 개체를 부분들로 분해
- 각 부분들은 name:class 형태로 이름 붙여짐. (밑줄을 그어 표기하지 않고, 굵게 표기)
- 패키지와 차이점은 패키지는 컴파일-타임에 그룹핑하는 반면 복합구조는 런타임시 그룹핑을 수행

4) **배치 다이어그램** (Deployment Diagram)
- 시스템의 물리적 레이아웃 표현
- 어떤 소프트웨어 부분이 어떤 하드웨어 상에서 실행되는가 표기
- 소프트웨어의 배치 및 실행될 하드웨어 자원 등을 표현
- 소프트웨어 컴포넌트가 어떤 하드웨어 자원에 탑재되어 실행될지 표현
- 하드웨어 자원의 물리적인 구성을 표현
- 배치 다이어그램은 시스템의 설계 단계 마지막에서 작성
- 구성요소는 노드, 컴포넌트, 연계관계, 의존관계

5) **패키지 다이어그램**
- 임의의 UML 요소를 취하여 더 상위 레벨 단위로 모으기 위한 그룹핑 요소
- 클래스 모임을 구조화하기 위해 가장 많이 사용
- 모든 클래스는 포함된 패키지 내에서 유일한 이름 보유
- 패키지의 구성 원칙
  → CCP(Common Closure Principle) : 패키지 내의 클래스들은 비슷한 원인에 따라 변경
  → CRP(Common Reuse Principle) : 패키지 내의 클래스들은 함께 재사용

E02. 개발 방법론

시험출제 요약정리

1) 개발 방법론의 개념

- 소프트웨어 개발에 관한 계획, 분석, 설계 및 구축에 관련 정형화된 방법과 절차, 도구 등이 공학적인 기법으로 체계적으로 정리하여 표준화한 이론
- 소프트웨어 개발에 관한 방법, 도구, 의사전달, 인터뷰 등을 포함해 실무적 관점에서 하나의 체계로 묶여진 방법론

2) 개발 방법론의 구성요소

구성요소	내 용	비 고
작업절차	– 프로젝트 수행 시 이루어지는 작업단계의 체계 – 단계별 활동, 활동별 세부작업 열거, 활동의 순서 명시	단계–활동–작업
작업방법	– 각 단계별 수행해야 하는 일 – 절차/작업방법(누가, 언제, 무엇을 작업하는지 기술)	작업방법
산출물	– 각 단계별로 만들어야 하는 산출물의 목록 및 양식	설계서 등
관리	– 프로젝트의 진행 기록: 계획수립, 진행관리, 품질, 외주, 예산, 인력관리 등의 기록	계획서, 실적,품질보증 등
기법	– 각 단계별로 작업수행 시 기술 및 기법의 설명	구조적, 객체지향, ERD,DFD등
도구	– 기법에서 제시된 기법별 지원도구에 대한 구체적인 사용표준 및 방법	CASE 등

3) 개발방법론의 종류

구분	설명	특징
구조적 방법론	정형화된 분석 절차에 따라 사용자 요구사항을 파악하여 문서화하는 체계적인 분석 이론	• 프로그램 로직 중심 (프로세스 중심) • 도형중심의 분석용 도구 이용(자료 흐름도(Data Flow), 자료사전(Data Dictionary), 소단위명세서(Mini-Spec))

구분	설명	특징
정보공학 방법론	기업 정보시스템에 공학적 기법을 적용하여 시스템의 계획, 분석, 설계 및 구축을 하는 데이터중심의 방법론	• 기업정보시스템 중심 • ISP가 필수, 데이터 중심 • CASE도구 등 공학적 접근,사용자 참여 • 데이터와 프로세스의 상관분석
객체지향 개발방법론	분석과 설계 및 개발에 있어서 객체지향 기법을 활용하여 시스템을 구축하고자 하는 방법론	• 업무영역을 상호작용하는 객체들의 집단으로 이해하고 시스템구축 • 자료와 기능을 캡슐화, 객체간 상호작용은 메시지를 통해서 이루어짐 • 안정된 모델, 중요한 측면만 모델링 하므로 분석의 초점이 명확
CBD	재사용이 가능한 컴포넌트의 개발 또는 상용컴포넌트들을 조합하여 어플리케이션개발 생산성과 품질을 높이고, 시스템 유지보수 비용을 최소화할 수 있는 개발 방법	• 컴포넌트기반 개발 • 반복점진적 개발프로세스 제공 • 표준화된 산출물 작성, 컴포넌트 제작기법을 통한 재 사용성 향상
Product Line	S/W공학의 전체 관점에서 Domain Specific하게 재사용할 단위인 Core Assets을 미리 개발하고 실제 Product를 개발하는 것은 이미 재사용의 단위로써 만들어진 Core Assets을 이용하여 여러 Products를 만들어내자는 접근방법	• 3개의 실행 영역에 대해 재사용 – Software Engineering Practice Area – Technical Management Practice Area – Organization Management Practice Area • 특정 시스템을 실현하는 데 사용될 수 있는 자산 Repository를 구현
Agile 방법론	절차보다는 사람이 중심이 되어 변화에 유연하고 신속하게 적응하면서 효율적으로 시스템을 개발할 수 있는 방법론	– Agile 방법론은 predictive하기 보다는 Adaptive (가변적인 요구에 대응) – 프로세스 중심이라기 보다 사람 중심 (책임감 있는 개발자와 전향적인 고객) – 고객의 적극적인 참여가 필요 – 모든 경우에 적용되는 것이 아니고 중소형, 아키텍처 설계, 프로토타이핑에 적합

4) Agile 방법론의 종류

종류	특 징	비 고
XP	– 테스팅 강조 – 4가지 가치와 12개 실천항목, 1~3주 iteration	가장 주목 받음 개발 관점
SCRUM	– 프로젝트를 스프린트(30일 단위 iteration)로 분리, 팀은 매일 스크럼(15분 정도) 미팅으로 계획수립 – 팀 구성원이 어떻게 활동해야 하는가에 초점 – 통합 및 인수 테스트가 상세하지 않음	Iteration계획과 Tracking에 중점

종류	특 징	비 고
DSDM	기능모델, 설계와 구현, 수행 3단계 사이클(2~6주)로 구성	영국에서 주로 사용
FDD	짧은 iteration(2주), 5단계 프로세스 (전체모델 개발, 특성리스트 생성, 계획, 설계, 구축)	설계, 구축 프로세스 반복
Crystal	– 프로젝트 상황에 따라 알맞은 방법론을 적용할 수 있도록 다양한 방법론 제시 – Tailoring하는 원칙 제공	프로젝트 중요도와 크기에 따른 메소드 선택 방법 제시

기출문제 풀이

2004년 33번

다음의 특징에 맞는 개발 접근방식(Approach)은?

가. 고객이 개발의 우선순위를 결정
나. 최소한의 문서화
다. 숙련된 개발자들이 빠르게 개발
라. 2주 – 4주에 한번씩 릴리즈 생산
마. 빠르게 개발하고 단위 시험으로 검증하는 것이 핵심

① 정보공학 개발
② 객체지향 개발
③ 컴포넌트 기반 개발
④ Agile Programming

해설 : ④번

– 단기의 짧은 배포기간을 가지고 문서 보다는 고객의 요구에 관심을 가지는 접근 방법은 Agile 방법으로 대표적으로 켄트벡의 XP가 있다.

관련지식

1) 개발 방법론(Methodology)의 정의
– 시스템을 구축하는데 필요한 여러 작업 단계들의 '수행 방법(Method)'과 작업 수행 시 도움이 되는 '기법(Technique)' 및 '도구(Tool)'들을 이용하여 각 작업 단계를 체계적으로 정리한 작업 수행의 표준 규범.

2) 방법론의 구성요소
– 작업 : 수행하는 활동
– 프로세스 : 필요한 작업들의 진행 순서
– 산출물 : 작업 수행 또는 변경 시 참조되거나 생성되는 것들
– 역할 : 각 작업을 수행하는 주체 및 작업 주체가 해야 할 일
– 기타 : 도구, 기법, 메트릭

3) 개발 방법론

3-1) 정보공학 개발 방법론

- 기업에 필요한 정보와 업무를 총체적이고 체계적이며 효과적으로 파악하여 이를 모형화하고, 빠른 시간 내에 시스템의 형상으로 발전시키기 위해 일련의 작업절차를 체계화, 자동화하는 공학적인 방법론이다
- 기업 정보시스템에 공학적 기법을 적용하여 시스템의 계획, 분석, 설계 및 구축을 하는 데이터중심의 방법론

3-2) 객체지향 개발 방법론

- 실세계의 개체를 객체로 표현하고, 시스템은 객체간 메시지의 전달로 표현하여 개발하는 개발 방법론
- 분석과 설계 및 개발에 있어서 객체지향 기법을 활용하여 시스템을 구축하고자 하는 방법론

3-3) 컴포넌트 기반 개발 방법론

- 소프트웨어의 재사용을 높이고 개발기간 단축 및 신뢰성 높은 소프트웨어를 개발할 목적으로 컴포넌트를 생성, 조립하여 소프트웨어를 개발하는 개발 방법론
- 재사용이 가능한 컴포넌트의 개발 또는 상용컴포넌트들을 조합하여 어플리케이션개발
- 생산성과 품질을 높이고, 시스템 유지보수 비용을 최소화할 수 있는 개발 방법

3-4) Agile 프로그래밍 방법론

- 절차보다는 사람이 중심이 되어 변화에 유연하고 신속하게 적응하면서 효율적으로 시스템을 개발할 수 있는 방법론
- predictive하기 보다는 Adaptive (가변적인 요구에 대응)
- 모든 경우에 적용되는 것이 아니고 중소형, 아키텍처 설계, 프로토타이핑에 적합
- 대표적으로XP는 테스팅 강조, 4가지 가치와 12개 실천항목, 1~3주 iteration 수행

2004년 36번

다음은 정보전략계획(ISP)에 대한 설명 중 가장 적절한 것은?

① 기업의 비즈니스 요구에 적합한 정보시스템을 개발하기 위해 정형화된 기법들을 말한다.
② 제한된 기간 동안 특정한 목적을 달성하기 위하여 제한된 자원을 계획, 조직, 인력확보, 지휘, 통제하는 기법들을 말한다.
③ 정보시스템이 기업내부의 효율성이나 비용절감을 통하여 기업의 전략적 우위를 달성하는 도구로 적용하는 기법을 말한다.
④ 전사적 기업 모형의 설계단계로서 조직의 목표와 주요 성공요인과 같은 전략적 측면과 조직의 목표 달성을 위한 정보화 계획, 절차 및 정보기술 적용 등의 시스템 모형을 설정하는 과정을 말한다.

해설 : ④번

- ISP는 개발을 위한 정형화된 기법은 아님. 2번은 프로젝트 관리

관련지식

1) 정보 공학 방법론
- 단위 업무의 자동화 중심의 정보시스템이 아닌 기업 전략을 중심으로 경영 목적을 달성하는데 필요한 정보시스템을 구현하기 위한 방법론이 필요하다는 가정에서 출발
- 업무영역분석(BAA; Business Area Analysis): 개발 대상인 특정 업무 영역에 대해서 데이터와 업무 프로세스를 상세히 분석하는 활동
- 업무시스템설계(BSD; Business System Design): 사용자와 시스템간의 상호작용을 설계하고, 업무수행절차를 설계하는 활동
- 업무시스템구현(BSC; Business System Construction): Repository에 저장된 정보를 이용하여 개발
- 기술설계(TD): 정보전략계획에서 정의된 기술체계를 토대로 하여 기술환경을 정의하고, 효과적인 데이터베이스 구조를 정의하는 단계 활동

2) ISP 설명
- 전사적인 기업모형(청사진)을 설계하는 단계로서 전략적인 측면과 시스템적인 측면의 모형을 설정
- 전략적 측면 : 조직의 목표, 주요 성공요인 등
- 시스템적인 측면 : 조직의 목표 달성을 위한 정보화 계획, 절차, 정보기술 적용 등 주요 산출물

3) ISP의 단계

단계	특 징
경영전략 분석	기업의 내. 외부 환경 분석 및 기업의 비전과 전략을 도출해 냄
현행 업무 프로세스 분석	문제점 도출 및 개선 방안 도출
현 시스템 분석, 평가	현 시스템의 문제점을 도출해내고 평가 후 개선방안 도출
아키텍처 개발	후속 작업을 지원하기 위해 프로세스 모델 및 데이터 모델 개발
전략계획 수립	프로젝트 정의 및 우선순위 부여

2004년 40번

소프트웨어 형상관리(configuration management)에 대한 설명 중 틀린 것은?

① 형상관리는 소프트웨어가 고객에게 전달되고 운영중인 상태에서 발생하는 일련의 소프트웨어 공학 활동을 의미한다.
② 형상관리에는 프로세스관리, 구축관리, 작업영역관리, 개체관리, 작업관리, 변경요구추적 등이 포함된다.
③ 소프트웨어의 다양한 버전의 식별, 소프트웨어 감사, 소프트웨어 변경에 대한 관리이다.
④ 형상관리의 목적은 실수를 최소화시켜 생산성을 극대화하는 것이다.

해설 : ①번

- ITIL의 배포관리(Release Management)을 의미함.

관련지식

1) **형상관리 정의**
- 소프트웨어 Life Cycle 단계의 산출물을 체계적으로 관리하여, 소프트웨어 가시성 및 추적성을 부여하여 품질보증을 향상시키는 기법

2) **형상관리 절차**
- 형상 식별, 형상 통제, 형상 감사, 형상 기록

3) **형상의 대상이 되는 형상물(Configuration Product)**
- 소프트웨어 개발 생명주기 중 공식적으로 구현되어지는형체가 있는 실현된 형상관리의 대상으로 기술문서, 하드웨어 제품, 소프트웨어 제품 등

4) **형상관리 효과**

구 분	내 용
프로젝트 측면	- 프로젝트의 체계적이고 효율적인 관리의 기준을 제공 - 프로젝트의 원활한 통제 가능 - 프로젝트에 대한 가시성과 추적성 보장
소프트웨어 측면	- S/W 변경에 따른 부작용 최소화 및 관리를 용이하게 함 - S/W의 품질 보증 - S/W의 적절한 변경관리 가능 - S/W의 유지보수성 향상 - S/W의 유연한 외주관리 가능

2004년 46번

RUP(Rational Unified Process)의 특징과 가장 거리가 먼 것은?

① Jacobson 의 Use-case driven 방법을 도입한 방법론이다.
② 분석 – 시스템설계 – 오브젝트 설계 – 구현의 4단계로 구성된다.
③ 내용 자체가 방대하여 처음 객체지향방법론을 접하는 사람에게는 어렵다.
④ 소프트웨어 개발의 전체 생명주기를 지원하는 프로젝트 프레임워크이다.

해설 : ②번

- RUP의 단계는 착수–정련–구축–전이 단계로 구성됨. ②번의 경우 객체지향 방법론

관련지식

1) RUP 개념

- RUP는 생명주기 전체를 지원하는 소프트웨어 개발을 위한 프로세스 프레임워크(순수 개발 프로세스와 관리 프로세스가 통합되어 있음). Jacobson의 OOSE 방법론의 확장이라고 볼 수 있으며 컴포넌트 설계에 있어서 UML 표기법에 상당한 비중을 두고 있다. 반복적인 개발 방법을 제안하고 있으며, 각각의 반복은 요구사항 분석, 분석 • 설계, 구현 • 테스트 및 평가 과정을 포함

2) RUP의 특징

- 통합 프로세스 : Grady Booch의 OOD+ James Rumbaugh의 OMT +Ivar Jacobson의 OOSE 방법 + 기타 다른 개발 프로세스들을 통합
- Use case 중심의 프로세스: Use case는 프로젝트 진행의 기준선이 됨 (Use Case Driven)
- 아키텍처 중심의 프로세스: 4+1 View 아키텍처 (Architecture Centric)
  (디자인/컴포넌트/프로세스/디플로이먼트+사용사례관점)
- 반복적이고 점증적인 개발 프로세스 : 개발 도중 요구사항의 변경, 프로젝트 환경의 변경 등에 유연하게 대처하고, 사용자의 빠른 피드백을 획득하기 위하여 반복적이며 점증적인 개발 프로세스를 취함 (Iterative)
- 4단계 개발 단계별 반복 주기를 시행함.

3) RUP 절차

- 개념화 단계(Inception Phase) : 프로젝트의 타당성, 일정, 예산 및 성공 가능성의 분석
- 상세화 단계(Elaboration Phase) : 대부분의 use case 도출하고 개괄적인 Design

architecture를 만들어 냄. (첫 증분이 개발되는 단계)

- 구축 단계(Construction Phase) : 프로그램의 증분이 모두 추가 개발되어 마지막으로는 beta release가 만들어지는 단계
- 전이 단계(Transition Phase) : Beta Test가 완료되고 인수시험을 거쳐 사용자에게 전달되는 단계

2005년 36번

컴포넌트 기반 개발 방법은 컴포넌트의 재사용을 지원한다. 이에 대한 설명으로 틀린 것은?

① 화이트박스 재사용방식을 통해 컴포넌트의 재사용을 지원한다.
② 여러 개의 부품을 패키지화하여 복합 객체의 재사용을 지원한다.
③ 인터페이스의 표준화를 통하여 인터페이스가 같은 여러 컴포넌트의 교환을 지원한다.
④ 컴포넌트를 조립하기 위해서 미들웨어나 프레임워크와 같은 기반 환경을 이용한다.

해설 : ①번

- 컴포넌트 기반 개발 방법은 블랙 박스 방식을 이용하여 컴포넌트를 재사용한다.

관련지식

1) 컴포넌트의 특징
   - 실행코드 기반 재사용(소스차원이 아닌 실행 모듈로 표준에 따라 개발됨)
   - 컴포넌트는 인터페이스를 통해서만 접근
   - 컴포넌트는 구현, 명세화, 패키지화, 배포될 수 있어야 함

2) 컴포넌트 기반 개발 방법론 설명
   - 기 개발된 S/W 컴포넌트를 조립하여 새로운 시스템을 구축하는 방법으로 객체지향의 단점인 재사용을 극대한 한 개념

3) 컴포넌트 기반 개발 방법론의 특징
   - 유용성 : 동일 Business Logic 의 반복 구현 배재 가능, 최소의 투자로 최대의 효율성 확보
   - 확장성 : 다른 Component에 영향을 주지 않고 새로운 기능 추가 및 배포 가능
   - 유지보수 용이 : Component에 대한 일관된 유지보수와 변화 적용 용이
   - 재사용성 : 조직 내 동일 Business Logic의 반복의 최소화 및 중복의 제거 가능

2005년 44번

소프트웨어 설계에 사용되는 방법 중 설명이 틀린 것은?

① Structure Chart – 프로그램 구조의 표현
② State Transition Diagram – 주요 클래스의 상태 변화
③ UseCase Diagram – 요구의 표현
④ Nassi-Shneiderman 도표 – 객체지향 설계

해설 : ④번

- NS차트는 논리의 표현을 중심으로 문서화하여 기존의 순서도로 치환이 가능하고, 복합된 조건의 처리를 시각적으로 식별 가능하게 할뿐만 아니라 구조적 코딩에 매우 용이

관련지식

1) Nassi Shneiderman 도표
   - NS차트는 논리의 표현을 중심으로 문서화하여 기존의 순서도로 치환이 가능하고, 복합된 조건의 처리를 시각적으로 식별 가능하게 할뿐만 아니라 구조적 코딩에 매우 용이
   - Notation: 연속 (sequence), 선택 (selection), 반복 (iteration)의 세 가지 기본 요소로 프로그램 로직을 표현.

2) Structure Chart
   - 구조적 분석/설계 방법론의 프로그래밍 설계 기법 (구조적 분석: process modeling (DFD), 구조적 설계: structure chart)
   - 시스템을 다수의 모듈(Module)로 분할하고 각 모듈을 계층화 시킴.
   - 모듈간의 정보 교환 (입력 및 출력)과 모듈 간의 연관성을 파악할 수 있음.

3) Hierarchical Input-Process-Output (HIPO)
   - 프로그램이나 모듈을 입력, 처리, 출력의 세 부분으로 나누어 계층적으로 표시.
   - 배치 (batch) 프로그램 설계에 적합.

4) 상태변화도(STD: State Transition Diagram)
   - 상태와 사건에 의해 시스템의 제어를 나타내기 위해 도식적으로 표현한 것
   - 시스템의 제어 흐름, 동작의 순서를 다룬
   - 중요 개념 : 상태(state), 사건(event)

- 사건들에 의해 변화하는 시스템의 동작을 나타낸다
- 상태변화의 구성요소
  - 상태(state) : 시스템이 가지고 있는 속성값에 의해 구분되는 정적인 상태
  - 사건(event) : 시스템의 상태를 변화시키는 외부에서 주어지는 자극
  - 동작(action) : 사건에 의해 시스템이 특정한 상태에서 반응하는 것
  - 활동(activity) : 임의의 상태에서 시간을 가지고 일어나는 작용

2005년 47번

RUP(Rational Unified Process)의 특징을 잘 설명한 것은?

A. RUP는 도입(Inception), 정련(Elaboration), 구축(Construction), 전이(Transition)의 순서로 진행된다.
B. RUP는 개발기간이 짧은 프로젝트에 적용하는 것이 효과적이다.
C. RUP는 Rational Software 사에서 개발한 기능 중심 프로세스이다.
D. RUP는 소프트웨어 개발공정을 반복적인 사이클로 진행한다.

① A, C ②B, C ③ A, D ④ B, D

해설 : ③번

- RUP는 생명주기 전체를 지원하는 소프트웨어 개발을 위한 프로세스 프레임워크(도입, 정련, 구축, 전이의 순서로 진행). 순수 개발 프로세스와 관리 프로세스가 통합되어 있음. → Jacobson의 OOSE방법론을 확장. 아키텍처 중심의 개발 프로세스 지원

관련지식

1) RUP의 정의

- Use Case을 기반으로 사용자의 요구사항을 기본으로 반복적이고 점진적인 개발프로세스를 통해 시스템을 개발하는 UP(Unified Process) 프로세스를 기반으로 Rational사에서 만들어 낸 SW 개발 프로세스 모델의 일종

2) RUP의 특징

- 아키텍처 중심의 프로세스: 4+1 View 아키텍처 (Architecture Centric)
- 반복적이고 점증적인 개발 프로세스 : 개발 도중 요구사항의 변경, 프로젝트 환경의 변경 등에 유연하게 대처하고, 사용자의 빠른 피드백을 획득하기 위하여 반복적이며 점증적인 개발 프로세스를 취함 (Iterative)
- 단계 : 도입(Inception), 정련(Elaboration), 구축(Construction), 전이(Transition)의 순서로 진행

3) RUP와 XP의 비교

비교항목	XP	RUP
기본특징	– 경량화, 효율화, 낮은 리스크, 유영성, 예측성, 과학성, 즐거움	– 6 Base Practices, Architecture/ user case / iterative & incremental
역할에 대한 정의	간단	세부적(공백도 존재)
아키텍처	덜 강조 (상대적 변경 용이)	매우 강조 , Elaboration 단계까지 아키텍처를 검증
단계/마일스톤정의	구체적이지 않음	단계별 산출물 기반 마일스톤 정의
장점	– Light Method 매우 현실적, 방법론 자체 비용이 거의 없음 – DSDM과 함께 e–Biz에 적합 – Refactoring의 구체적인 기술 제안	– 체계적이고, Biz Modeling을 포함한 Life Cycle 전반을 포괄 – 다양한 도메인에 대한 많은 적용 경험과 3Gs를 통한 개선 – UML 근간 –가이드라인이 비교적 자세
단점	– 문화적 차이가 발생(고객 주도와 팀웍 강조) – 대형 프로젝트에 적용하기 어려움	– 다양한 규모, 조직, 업무에 대한 구체적인 적용 방안이 없음 – 정말 필요한 부분만 압축적으로 적용하기 어려움 – 작은 프로젝트에 적용하기 어려움 – Tool과 방법론 전문가 필요, 상업적으로 고비용

2006년 31번

다음 객체지향 개발 방법론에 관한 설명 중 틀린 것은?

① 객체지향 개발 방법은 객체(Object), 객체의 속성(Attribute), 동작(Behavior), 클래스(Class), 객체 사이의 관계(Relationship)등을 기본 개념으로 하고 있다.
② 객체지향 분석기법은 기존의 분석 기법에 비해 실 세계의 현상을 보다 정확히 모델링 할 수 있다.
③ 객체지향 방법론은 하향식(Top-down) 문제접근 방법으로 기능 중심의 정보 모델링이다.
④ 객체지향 개발 방법을 잘 활용하기 위해서는 소프트웨어 개발과정에 대한 이해와 정보모델, 동적 모델, 기능모델에 대한 지식이 있어야 하며 모델링 사이의 연관성을 바탕으로 모델링의 결과를 통합할 수 있어야 한다.

해설 : ③번

- OOP 방법론은 상향식(Bottom-up 방식) 방식이다.

관련지식

1) 객체지향 방법론의 정의
- 요구분석, 업무영역분석, 설계, 구축, 시험의 전 단계가 객체지향 개념에 입각하여 일관된 모델을 가지고 소프트웨어를 개발하는 방법론
- 실 세계의 문제 영역에 대한 표현을 소프트웨어 해결 영역으로 Mapping 하는 방법으로 객체간에 메시지를 주고받는 형태로 시스템 구성

2) 객체지향 방법론의 특징
- 구조적 방법론 보다 재사용성, 유지보수성이 향상됨
- 모형의 적합성 : 현실세계 및 인간의 사고방식과 유사
- 일관성, 추적성 : 전체 공정에서 각 단계간의 전환과 변경이 자연스럽고 신속함

3) 객체지향 방법론의 절차

단계	작업항목	설명
요건 정의	Use Case Driven	인터뷰, 관찰, 시나리오를 이용하여 도출
객체지향분석	객체(정적)모델링 - 객체다이어그램	시스템 정적 구조 포착 추상화,분류화,일반화,집단화

단계	작업항목	설명
객체지향분석	동적 모델링 – 상태다이어그램	시간흐름에 따라 객체 사이의 변화조사 상태,사건,동작
	기능모델링 – 자료흐름도	입력에 대한 처리결과에 대한 확인
객체지향설계	시스템 설계 (아키텍처 설계)	시스템구조를 설계 성능최적화 방안, 자원분배방안
	객체 설계	구체적 자료구조와 알고리즘 구현
객체지향구현	객체지향언어(객체,클래스)로 프로그램	객체지향언어(C++, JAVA), 객체지향DBMS

2006년 38번

객체지향의 기본 개념인 클래스와 컴포넌트 기반 개발의 컴포넌트는 유사성이 존재한다. 다음 설명 중 클래스와 컴포넌트의 개념을 잘못 비교한 것은?

① 클래스는 논리적인 측면이 강하고, 컴포넌트는 물리적 측면이 강하다.
② 클래스는 일반적으로 소스 코드 형태를 가지고, 컴포넌트는 바이너리코드의 형태를 가진다.
③ 클래스는 구현 단위이며, 컴포넌트는 설계 단위이다.
④ 클래스가 제공하는 기능은 클래스의 연산에 의해서 정의되고, 컴포넌트는 인터페이스에 의해서 기능이 정의된다.

해설 : ③번

- 클래스는 설계 단위이며, 컴포넌트는 구현 단위이다.

관련지식

1) 컴포넌트의 정의
- 특정한 기능을 수행하기 위해 독립적으로 개발, 보급하고 잘 정의된 인터페이스를 가지며 다른 부품과 조립되어 응용시스템을 구축하기 위해 사용되는 S/W 단위

2) 컴포넌트의 특징
- 실행코드 기반 재사용(소스차원이 아닌 실행 모듈로 표준에 따라 개발됨)
- 컴포넌트는 인터페이스를 통해서만 접근
- 컴포넌트는 구현, 명세화, 패키지화, 배포될 수 있어야 함

3) 클래스
- 클래스는 특정 종류의 객체내에 있는 변수와 Method를 정의하는 일종의 틀, 즉 템플릿이다. 따라서, 객체는 클래스로 규정된 인스턴스로서, 변수 대신 실제 값을 가진다.
- 클래스는 OOP를 정의하는 개념 중 하나인데, 클래스에 대한 중요한 몇 가지의 개념들은 다음과 같다.
  - 클래스는 전부 혹은 일부를 그 클래스 특성으로부터 상속받는 서브클래스를 가질 수 있으며, 클래스는 각 서브클래스에 대해 슈퍼클래스가 된다.
  - 서브클래스는 자신만의 Method와 변수를 정의할 수도 있다.
  - 클래스와 그 서브클래스 간의 구조를 "클래스 계층(hierarchy)"이라 한다.

2006년 45번

위험(Risk) 관리에서 사용되는 대표적인 두 개의 파라미터(Parameter)는?

① 일정, 영향도 ② 비용, 발생 확률
③ 비용, 일정 ④ 발생 확률, 영향도

해설 : ④번

- 위험 관리의 발생 확률과 영향도를 반영함.

관련지식

1) 프로젝트에서 위험관리란
 - 프로젝트의 위험을 식별하고 분석하여 대응하는 과정
 - 기회는 극대화, 위험을 최소화하여 프로젝트의 성공가능성을 높이기 위한 일련의 행위
 - 정상적으로 프로젝트 수행을 어렵게 만드는 위협요소를 찾아 식별, 관리, 해결하는 것
 - 위험관리에서 정성적 위험 분석 시 위험영향도, 위험 발생 가능성을 반영
   ■ 프로젝트 목표에 대한 영향을 우선순위화(prioritize) 하기 위해 위험 및 조건 분석
   ■ 위험의 확률 규모(probability scale)는 본래 0.0(확률 없음)에서 1.0(확실) 사이 값
   ■ 위험의 영향 규모(impact scale)는 프로젝트 목표에 대한 그들의 영향의 심각성을 반영

2) 위험 대응 방안
 - 회피, 전가, 완화, 수용의 대응 방안이 있음.

2006년 48번

컴포넌트 기반 개발방법론에 관한 설명 중 틀린 것은?

① 컴포넌트 기반 개발은 기존 방법에 비해, 소프트웨어의 재사용성을 높이고, 개발 기간을 단축시킨다.
② 컴포넌트는 독립적으로 실행 불가능하며 반드시 다른 컴포넌트와 결합하여 사용해야 한다.
③ 컴포넌트는 개발자에게 다른 컴포넌트 및 모듈들과 상호작용하기 위한 인터페이스를 제공한다.
④ COTS(Commercial Off The Shelf)는 외부에서 구입하는 상용 컴포넌트를 지칭한다.

해설 : ②번

- CBD 특징: Use Case-Driven, Architecture-Centric, Iterative & Incremental

관련지식

1) 컴포넌트 기반 개발방법론의 개념
- 기 개발된 S/W 컴포넌트를 조립하여 새로운 시스템을 구축하는 방법으로 객체지향의 단점인 재사용을 극대한 한 개념

2) CBD의 특징
- 유용성 : 동일 Business Logic 의 반복 구현 배제 가능, 최소의 투자로 최대의 효율성 확보
- 확장성 : 다른 Component에 영향을 주지 않고 새로운 기능 추가 및 배포 가능
- 유지보수 용이 : Component에 대한 일관된 유지보수와 변화 적용 용이
- 재사용성 : 조직 내 동일 Business Logic의 반복의 최소화 및 중복의 제거 가능

3) 객체지향방법론과 공통점과 차이점

공통점	차이점
- 유즈케이스 중심 개발	- 서비스 기반의 개발 (인터페이스 중심)
- 반복적, 점증적 개발	- 명세와 구현의 분리
- 객체에 대한 개념	- 컴포넌트 아키텍처 중심
- 아키텍처 기반 개발	- 컴포넌트 기반 재사용

2007년 28번

다음은 어떤 개발 방법에 대한 설명인가?

> 소프트웨어를 정형적으로 명세화하고, 여러 증분으로 나누어 별도로 개발하고 검증하되 신뢰성을 결정하기 위해 통계적으로 시행한다. 개발된 소프트웨어를 엄격한 검사를 이용하여 정적으로 검사함으로써 시스템 컴포넌트의 단위 시험을 대체할 수 있다.

① 클린룸(Clean Room) 개발 방법
② 테스트 주도 개발 방법
③ 프로토타이핑(Prototyping) 개발 방법
④ 컴포넌트 기반 소프트웨어 개발 방법

해설 : ①번

- 정적 검증 기법을 기반으로 한 소프트웨어 개발 철학이고, "Cleanroom"이란 용어는 반도체 조립 공정에서 유래한 것으로 결함의 수정보다는 결함을 회피하는 것을 기반으로 하며, 소프트웨어에서는 시험하기 전에 결함을 발견하기 위한 엄격하고 정형화된 감사 과정을 거치는 것이 특징이다.

관련지식

1) 개발 방법론의 개념
- 소프트웨어 개발에 관한 계획, 분석, 설계 및 구축에 관련 정형화된 방법과 절차, 도구 등이 공학적인 기법으로 체계적으로 정리하여 표준화한 이론
- 소프트웨어 개발에 관한 방법, 도구, 의사전달, 인터뷰 등을 포함해 실무적 관점에서 하나의 체계로 묶여진 방법론

2) 개발 방법론의 구성요소

구성요소	내 용	비 고
작업절차	- 프로젝트 수행 시 이루어지는 작업단계의 체계 - 단계별 활동, 활동별 세부작업 열거, 활동의 순서 명시	단계-활동-작업
작업방법	- 각 단계별 수행해야 하는 일 - 절차/작업방법(누가, 언제, 무엇을 작업하는지 기술)	작업방법
산출물	- 각 단계별로 만들어야 하는 산출물의 목록 및 양식	설계서 등

구성요소	내 용	비 고
관리	– 로젝트의 진행 기록: 계획수립, 진행관리, 품질, 외주, 예산, 인력관리 등의 기록	계획서, 실적,품질보증 등
기법	– 각 단계별로 작업수행 시 기술 및 기법의 설명	구조적,객체지향, ERD,DFD등
도구	– 기법에서 제시된 기법 별 지원도구에 대한 구체적인 사용표준 및 방법	CASE 등

3) 개발방법론의 종류

구분	설명	특징
구조적 방법론	정형화된 분석 절차에 따라 사용자 요구 사항을 파악하여 문서화하는 체계적인 분석 이론	• 프로그램 로직 중심 (프로세스 중심) • 도형중심의 분석용 도구 이용(자료 흐름도(Data Flow), 자료사전(Data Dictionary), 소단위명세서(Mini-Spec))
정보공학 방법론	기업 정보시스템에 공학적 기법을 적용하여 시스템의 계획, 분석, 설계 및 구축을 하는 데이터중심의 방법론	• 기업정보시스템 중심 • ISP가 필수, 데이터 중심 • CASE도구 등 공학적 접근,사용자 참여 • 데이터와 프로세스의 상관분석
객체지향 개발방법론	분석과 설계 및 개발에 있어서 객체지향 기법을 활용하여 시스템을 구축하고자 하는 방법론	• 업무영역을 상호작용하는 객체들의 집단으로 이해하고 시스템구축 • 자료와 기능을 캡슐화, 객체간 상호작용은 메시지를 통해서 이루어짐 • 안정된 모델, 중요한 측면만 모델링 하므로 분석의 초점이 명확
CBD	재사용이 가능한 컴포넌트의 개발 또는 상용컴포넌트들을 조합하여 어플리케이션개발 생산성과 품질을 높이고, 시스템 유지보수 비용을 최소화할 수 있는 개발 방법	• 컴포넌트기반 개발 • 반복점진적 개발프로세스 제공 • 표준화된 산출물 작성, 컴포넌트 제작기법을 통한 재 사용성 향상
Product Line	S/W공학의 전체 관점에서 Domain Specific하게 재사용할 단위인 Core Assets을 미리 개발하고 실제 Product를 개발하는 것은 이미 재사용의 단위로써 만들어진 Core Assets을 이용하여 여러 Products를 만들어내자는 접근방법	• 3개의 실행 영역에 대해 재사용 – Software Engineering Practice Area – Technical Management Practice Area – Organization Management Practice Area • 특정 시스템을 실현하는 데 사용될 수 있는 자산 Repository를 구현

구분	설명	특징
Agile 방법론	절차보다는 사람이 중심이 되어 변화에 유연하고 신속하게 적응하면서 효율적으로 시스템을 개발할 수 있는 방법론	– Agile 방법론은 predictive하기 보다는 Adaptive (가변적인 요구에 대응) – 프로세스 중심이라기 보다 사람 중심 (책임감 있는 개발자와 전향적인 고객) – 고객의 적극적인 참여가 필요 – 모든 경우에 적용되는 것이 아니고 중소형, 아키텍처 설계, 프로토타이핑에 적합

4) 클린룸 모델

- 소프트웨어가 개발될 때 정확성을 강조하는 접근법
- 시스템의 가장 핵심이 되는 부분을 최초의 인크리먼트(increment, 실행 가능한 프로토타입)로 개발하여 사용자에게 피드백 하여 새로운 요구를 끄집어내거나 개발 계획 자체를 다시 고쳐서 반복해서 증가분 소프트웨어를 개발시스템에 추가하여 가는 생각을 기초로 함. (IBM의 Mills [MIL87][DYE92]에 의해 고안된 개발모델)
- 분석과 설계모델을 박스(블랙박스, 상태박스, 클리어박스)구조로 표현하여 생성

2007년 30번

RUP(Rational Unified Process) 과정에서 프로젝트 계획, 시스템을 위한 아키텍처 프레임워크 확립, 문제영역의 이해 등이 완결된 이후 이행해야 하는 단계는?

① 도입(Inception) ② 구축(Construction)
③ 정련(Elaboration) ④ 전이(Transition)

● **해설 : ②번**

- 구축단계는 System의 요구 사항의 명료화, 우선 순위 결정, 기준선 설정 및 요구사항의 기능적 행동과 비 기능적 행동과 비 기능적 행동을 명세화

● **관련지식**

1) RUP(Rational Unified Process)
- 소프트웨어 개발 공정(process)으로서 개발 조직 내에서 작업과 책임을 할당하기 위한 규칙을 제시한다. 그 목적은 예정된 일정과 예산 내에서 고객의 요구를 충족시키는 고품질의 소프트웨어를 생산하는데 있다.

2) RUP의 단계

단계	설명
Inception	개발의 시작점으로써 대상 요소들을 정의 정련 단계로 진입할 수 있는 충분한 근거 파악
Elaboration	제품 Vision과 Architecture를 정의. Test 기준 설정 System의 요구 사항의 명료화. 우선 순위 결정. 기준선 설정 및 요구사항의 기능적 행동과 비 기능적 행동과 비 기능적 행동을 명세화
Construction	SW 작성 및 실행 Architecture 기준선으로부터 전이의 준비 단계 Project에 대한 요구 사항과 평가 기준으로 재검사 위험 요소들을 제거하기 위한 자원의 할당
Transition	SW의 사용자 전달. System의 지속적인 개선. 결함 제거 배포판에 새로운 특성 추가 사용자에게 인도. 제품의 제조. 배달. 교육. 지원. 유지보수

3) RUP의 특장점

- 반복 과정에서 높은 위험도를 잘 관리할 수 있다.
- 반복 릴리스와 피드백을 통하여 요구 사항을 만족시킬 수 있다.
- 초기 반복에서 소프트웨어 구조를 잘 확립할 수 있다.
- 시스템을 가시적인 모델(즉, UML)로 표현할 수 있다.
- 소프트웨어의 변경을 잘 관리할 수 있다.

2007년 32번

가장 적합한 개발기법은?

> 가능한 한 짧은 시간 내에 소프트웨어를 개발하고자 하며, 개발자들은 상호간 개발하는 과정에서 다른 작업자의 작업을 확인하는 페어프로그래밍(pair programming), 지속적인 통합(continuous integration), 단순 설계(simple design), 소규모 릴리즈(smallreleases), 점진적 계획(incremental planning) 등에 익숙해 있으며 개발과정에서 리펙토링(refactoring)을 수행 할 수 있다고 한다. 모든 요구사항들을 위한 시나리오 카드가 준비 되어 있으며 또한 고객의 요구사항을 직접적으로 그리고 신속히 반영하기 위해 고객을 참여시키고자 한다.

① 프로토타입(Prototype) 모형
② 폭포수(Waterfall) 모형
③ XP(Extreme programming)
④ CBD(Component-based Development)

해설 : ③번

- XP는 리펙토링, 페어 프로그램밍, 소규모 릴리즈등의 방법을 사용

관련지식

1) 소프트웨어 생명 주기 모델

- 소프트웨어가 개발되기 위해 정의되고 사용이 완전히 끝나 폐기될 때까지의 전 과정을 단계별로 나눈 것으로, 조직 내에서의 장기적인 개발 계획과 개발과정 중심의 관점
- 정보시스템(information systems)을 개발하는 절차, 혹은 시스템 개발단계의 반복현상을 시스템 개발

2) 소프트웨어 개발 기법

- 소프트웨어가 개발되기 위해 정의되고 사용이 완전히 끝나 폐기될 때까지의 전 과정을 단계별로 나눈 것으로, 조직 내에서의 장기적인 개발 계획과 개발과정 중심의 관점
- 정보시스템(information systems)을 개발하는 절차, 혹은 시스템 개발단계의 반복현상을 시스템 개발
- 소프트웨어 개발에 관한 계획, 분석, 설계 및 구축에 관련 정형화된 방법과 절차, 도구 등이 공학적인 기법으로 체계적으로 정리하여 표준화한 이론

– 소프트웨어 개발에 관한 방법, 도구, 의사전달, 인터뷰 등을 포함해 실무적 관점에서 하나의 체계로 묶여진 방법론

3) 소프트웨어 개발 방법론

구분	설명	특징
구조적 방법론	정형화된 분석 절차에 따라 사용자 요구사항을 파악하여 문서화하는 체계적인 분석 이론	• 프로그램 로직 중심 (프로세스 중심) • 도형중심의 분석용 도구 이용(자료 흐름도(Data Flow), 자료사전(Data Dictionary),소단위명세서(Mini-Spec))
정보공학 방법론	기업 정보시스템에 공학적 기법을 적용하여 시스템의 계획, 분석, 설계 및 구축을 하는 데이터중심의 방법론	• 기업정보시스템 중심 • ISP가 필수, 데이터 중심 • CASE도구 등 공학적 접근,사용자 참여 • 데이터와 프로세스의 상관분석
객체지향 개발방법론	분석과 설계 및 개발에 있어서 객체지향 기법을 활용하여 시스템을 구축하고자 하는 방법론	• 업무영역을 상호작용하는 객체들의 집단으로 이해하고 시스템구축 • 자료와 기능을 캡슐화, 객체간 상호작용은 메시지를 통해서 이루어짐 • 안정된 모델, 중요한 측면만 모델링 하므로 분석의 초점이 명확
CBD	– 재사용이 가능한 컴포넌트의 개발 또는 상용컴포넌트들을 조합하여 개발 – 생산성과 품질을 높이고, 시스템유지보수 비용을 최소화할 수 있는 개발 방법	• 컴포넌트기반 개발 • 반복점진적 개발프로세스 제공 • 표준화된 산출물 작성, 컴포넌트 제작기법을 통한 재 사용성 향상
XP	– 경량화, 효율화, 낮은 리스크, 유영성, 예측성, 과학성, 즐거움 – Light Method 매우 현실적, 방법론 자체 비용이 거의 없음 – DSDM과 함께 e-Biz에 적합 – Refactoring의 구체적인 기술 제안	– 테스팅 강조, 4가지 가치와 12개 실천항목, 1~3주 iteration – 방법 : 리펙토링, 페어 프로그램밍, 소규모 릴리즈등

2007년 34번

CASE 시스템의 일반적인 구성요소 중 존재하는 시스템에 대한 프로그램 구조, 자료모델, 구조도, 자료사전 같은 설계명세서를 생성 해주는 도구는?

① 재공학(Reengineering) 도구
② 설계분석기
③ 다이어그램 작성 도구
④ 원형화 도구

해설 : ①번

- 재공학 도구는 프로그램 구조, 자료 모델, 구조도, 자료사전 같은 설계 명세서를 생성 해주는 도구

관련지식

1) CASE(Computer Aided Software Engineering) Tool의 정의
- 소프트웨어 라이프사이클의 전체 단계를 연계시키고, 자동화하고, 통합시키는 도구의 집합

2) CASE 툴의 종류
- 정보 공학 도구 :정보 시스템에 대한 메타 모델을 제공
- 프로세스 모델링 및 관리 도구 :프로세스의 주요 구성 요소들을 표현하는 데 사용. 관리도구들은 정의된 프로세스 활동을 지원하는 다른 도구들과의 연결을 지원
- 프로젝트 계획 도구:프로젝트 노력, 비용에 대한 추정 및 일정을 지원
- 위험 분석 도구 :관리자가 위험 요소들을 식별하여 감시 및 관리할 수 있도록 함
- 프로젝트 관리 도구 :프로젝트 일정 및 계획의 감시 및 품질 측정
- 요구사항 추적 도구:요구사항을 체계적으로 접근하여 추적
- 매트릭스와 관리 도구:프로세스, 프로젝트 또는 제품의 품질을 측정하기 위한 매트릭스들을 지원
- 재공학 도구 : 기존의 소프트웨어에 대한 역 공학 및 재구조화 등의 기술처리를 통해서 소프트웨어 부품을 추출 해내고, 이를 다시 새롭게 순 공학을 구현함으로써 재사용 부품으로 만들어 내는 데 핵심적인 역할을 하는 기술
- 문서화 도구 :소프트웨어 개발 전 과정의 문서화 작업을 지원
- 시스템 소프트웨어 도구:네트워크 통신 기능 및 다양한 시스템 운영을 지원
- 소프트웨어 형상 관리 도구 :버전 관리 및 변경 관리 등을 지원
- 분석 및 설계 도구: 시스템에 대한 모델들을 생성, 시스템의 데이터, 기능 및 행위들에 대한 표현을 포함. 모델들 간의 일관성을 검사하는 기능 제공

- 인터페이스 설계 및 개발 도구 : 메뉴, 버튼, 윈도우, 아이콘 등과 같은 프로그램 컴포넌트들의 툴킷
- 프로그래밍 도구 : 컴파일러, 편집기 및 디버거, 4GL, 어플리케이션 생성
- 프로토타이핑 도구 :스크린의 레이아웃, 데이터 디자인, 보고서 등의 생성을 위한 High-level 언어, 유저 인터페이스 생성 등
- 테스팅 도구 : 테스트 관리 도구, 클라이언트/서버 테스트 도구

3) CASE 툴의 조건
- Consistency(일관성) 보장
- Completeness(완전성) 보장
- Conformance to standards(표준화) 보장

4) 통합 CASE 정의
- 소프트웨어 개발 프로세스의 전체 과정을 지원하는 CASE 도구
- 장점
  1) 도구들 간의 정보 전송이 자연스러움
  2) 소프트웨어 형상 관리나 품질 보증과 같은 지원 활동들을 수행하는데 소요되는 노력 경감
  3) 프로젝트 계획이나 제어를 효율적으로 수행할 수 있음
  4) 프로젝트 팀원들 간의 팀워크를 잘 이루어갈 수 있음

5) I-CASE 환경을 구축을 위한 통합 레벨
- 플랫폼 통합(Platform integration)
- 데이터 통합(Data Integration)
  1) 직접 전파(Direct Transfer)
  2) 화일 기반 전파(File-based Transfer)
  3) 커뮤니케이션 기반 전파(Communication-based Transfer)
  4) 정보저장소 기반 전파(Repository-based Transfer)
- 제어 통합(Control Integration)
- 프레젠테이션 통합(Presentation Integration)
- 프로세스 통합(Process Integration)

2007년 36번

다음을 위해 적합한 작업은 무엇인가?

> 소프트웨어의 설계를 개선하고, 소프트웨어에 대한 이해를 증진하며, 개발속도를 높이기 위해 필드를 한 클래스에서 다른 클래스로 옮기거나 메소드의 특정 코드를 추출하여 다른 메소드로 만드는 등 코드를 더 구조화 시킨다. 단, 외부 동작은 바뀌지 않으면서 내부구조만 개선되어야 한다.

① Refixing ② Refactoring
③ Remaking ④ Reengineering

해설 : ②번

- 리팩토링은 소프트웨어의 설계를 개선하고, 소프트웨어에 대한 이해를 증진하며, 개발속도를 높이기 위한 작업

관련지식

1) 리팩토링의 정의

- 소프트웨어 시스템의 원래 기능은 그대로 두면서 내부의 구조를 개선하는 것을 의미한다. 그것은 버그의 가능성을 최소화하기 위해서 코드를 깔끔하게 정리하는 엄정한 방법이다. 한마디로 리팩토링을 한다는 것은 이미 작성된 코드의 설계를 나중에 개선하는 것이다.

2) 리펙토링의 특징

- 리팩토링은 소프트웨어의 디자인을 개선시킨다.
- 리팩토링은 소프트웨어를 더 이해하기 쉽게 만든다.
- 리팩토링은 버그를 찾도록 도와준다.
- 리팩토링은 프로그램을 빨리 작성하도록 도와준다.

3) Kent Beck, Martin Fowler의 냄새 이론

- 코드의 나쁜 냄새를 좋은 냄새로 변경

1. 중복된 코드(Duplicated Code) 2. 긴 메소드(Long Method)
3. 거대한 클래스(Large Class) 4. 긴 파라미터 리스트(Long Parameter List)
5. 확산적 변경(Divergent Change) 6. 산탄총 수술(Shotgun Surgery)
7. 기능에 대한 욕심(Feature Envy) 8. 데이터 덩어리(Data Clump)

9. 기본 타입에 대한 강박관념(Primitive Obsession)

10. Switch 문 (Switch Statements)
11. 평생 상속 구조(Parallel Inheritance Hierarchies)
12. 게으른 클래스(Lazy Class)
13. 추측성 일반화(Speculative Generality)
14. 임시 필드(Temporary Field)
15. 메시지 체인(Message Chains)
16. 미들 맨(middle Man)
17. 부적절한 친밀(Inappropriate Intimacy)

18. 다른 인터페이스를 가진 대체 클래스(Alternative Classes with Different Interface)

19. 불완전한 라이브러리 클래스(Incomplete Library Class)

20. 데이터 클래스(Data Class)
21. 거부된 유산(Refused Bequest)

22. 주석(Comments)

2008년 38번

소프트웨어 형상관리(Configuration Management)에 대한 설명으로 가장 적합하지 않은 것은?

① 프로그램 변경을 관리하는 것으로 설계서, 소스코드, 목적코드뿐만 아니라, 프로젝트 계획서, 분석서, 테스트 케이스, 회의록 기안 등이 대상이 된다.
② 형상관리가 제대로 되어 있으면 유지보수가 쉬워진다.
③ 소프트웨어 변경 승인은 개발자가 결정한다.
④ 형상관리는 대상 항목에 대한 베이스라인을 정하여 현재의 상태를 관리한다.

● 해설 : ③번

- 변경 승인은 형상통제위원회 (변경 위원회, Configuration Control Board)에서 승인한다.

● 관련지식

1) **형상관리의 정의**
- 소프트웨어 Life Cycle 단계의 산출물을 체계적으로 관리하여, 소프트웨어 가시성 및 추적성을 부여하여 품질보증을 향상시키는 기법

2) **형상관리에서 사용되는 용어**
- 기준선(Baseline) : 각 형상 항목들의 기술적 통제 시점, 모든 변화를 통제하는 시점의 기준
- 형상항목 (Configuration Item) : 소프트웨어 개발 생명주기 중 공식적으로 정의되어 기술되는 관리 기본 대상
- 형상물(Configuration Product) : 소프트웨어 개발 생명주기 중 공식적으로 구현되어지는 형체가 있는 실현된 형상관리의 대상으로 기술문서, 하드웨어 제품, 소프트웨어 제품 등
- 형상정보 (Configuration Information) : 형상정보 = 형상항목 + 형상물

3) **기준선(Baseline)**
- 각 형상 항목들의 기술적 통제 시점, 모든 변화를 통제하는 시점의 기준
- S/W 개발단계(생명주기)에서 문서들이 만들어지면 이를 최종적으로 확정(동결)한 산출물의 상태(기준선이 바뀌면 버전관리와 변경관리를 해야 함)
- S/W 개발 및 수행일정에 중요한 기준을 제공하는 공식적인 문서로, 변경이 필요할 경우는 형상통제 위원회와 같은 공식적인 검토 회를 거쳐야 함

4) **형상 항목** (Configuration Item)

- 소프트웨어 개발 생명주기 중 공식적으로 정의되어 기술되는 관리 기본 대상
- 프로젝트 계획서, 분석 명세서, 설계 명세서, Source Code, Object Code, Test 계획서, Test Data,사용자 매뉴얼, 운영자 매뉴얼등

2009년 38번

웹 인터페이스 '사용자 인지도'는 사용자가 적은 노력으로 웹 사이트를 사용할 수 있도록 익숙한 레이아웃이나 명확하고 쉬운 구조로 제공하는지를 평가하는 항목이다. 다음 중 '사용자 인지도'에 대한 평가 항목과 관계가 없는 것은?

① 메뉴 구조가 초보자도 쉽게 사용 할 수 있도록 구성되었는가?
② 사용자 정보 접근에 대한 보안 절차가 이루어지는가?
③ 사용자가 입력해야 할 창은 구분하기 쉽도록 표시해 주는가?
④ 사용자가 액션을 취했을 때 그 결과가 사용자의 의도와 일치하는가?

● **해설 : ②번**

– 사용자 인지도와 보안 절차는 관계가 적음.

● **관련지식**

1) 웹 인터페이스
– 사용자 인터페이스의 일환으로 웹 기반에 사용되는 인터페이스를 총칭하는 개념이다. 일반적으로 사용자가 웹 사이트의 웹 페이지를 통하여 원하는 정보를 목적에 맞으면서도 보기 편하고 쉽게 사용할 수 있게 하면서, 동시에 '웹 네비게이션'과 연관되어 사용자가 웹 상에서의 자신의 위치를 파악하는 데 용이하게 하는 인터페이스 (위키피디아)

2) 웹 인터페이스 시 고려사항
– 웹 사이트의 전체의 목적과 동기
– 웹사이트 유저의 연령, 취향
– 네비게이션을 통해 접근할 목적 사이트
– 콘텐츠 구성(인포메이션 컴퓨터구조)

3) 웹 인터페이스 개발 순서
3.1) 사용자 분석 : 사용자가 어떤 사람인지 분석하는 활동이다. 이 단계를 거침으로서 사용자의 만족도를 높일 수 있다. 이 같은 사용자의 특성을 분석하기 위해 다음과 같은 항목들이 사용 → 성별, 나이, 신체적 특성, 문화적 특성, 학력/교육수준, 국가(언어)
3.2) 인터페이스 요구사항 분석 : 인터페이스 요구사항은 웹 사이트 사용자 인터페이스 개발의 기준이 된다. 사용자 인터페이스 요구사항은 다음과 같은 항목들이 사용 됨. 웹 사이트 전체적인 분위기/ 색상, 해상도 또는 화면 레이아웃, 개발자가 따라야 하는 사용자 인터페

이스 표준이나 가이드 적용

3.3) 사용자 인터페이스 가이드라인 작성 : 사용자 인터페이스 가이드라인은 사용자 인터페이스 개발 시 준수해야 하는 내용을 명세해 놓은 문서. 개발 조직마다 사용자 인터페이스 가이드라인의 범위나 깊이는 다르지만, 일반적으로 다음 같은 내용들이 포함. 디자인 목표, 컨셉/ 사용되는 색상 일람/글꼴,크기,색상,자간, 장평, 행간, 문단 형태, 정렬 방식/레이아웃,문서구조, 크기, 위치, 형태, 성격/아이콘,이미지, 블릿(Bullet),버튼 등의 크기, 형태, 색상, 용도, 멀티미디어 등에 대한 상세한 규칙

3.4) 스토리 보드 작성 : 스토리 보드란 원래는 드라마나 영화의 제작에서 먼저 이용된 용어이다. 주로 전체적인 흐름을 알기 위해 사용되었다. 웹 개발에서는 애플리케이션 소프트웨어 설계서의 역할을 한다. 보통 화면의 구조를 보여 주는 부분과 각 화면의 프로토타입과 크기에 대한 설명, 수록되는 콘텐트에 대한 설명을 보여 주는 부분으로 구성된다. (화면 구조 이미지) 스토리보드는 앞서 설명한 사용자 인터페이스 가이드라인과 연계하여 사용한다. 만약 사용자 인터페이스 가이드라인에 제목에 대한 폰트의 종류와 크기를 정의해 놓았다면 스토리 보드의 화면 구성에는 정의된 제목을 그대로 이용할 수 있다. 만약 정의도어 있지 않다면 화면 구성에서는 해당 제목에 대하여 일일이 폰트 등을 정의해 주어야 한다. (한혁수, web 기반의 사용자 인터페이스)

4) 사용자 편리성

- 간단하고 자연스러운 언어를 사용해야 한다.
- 사용자가 알아들을 수 있는 표현을 사용해야 한다.
- 사용자가 기억하고 있어야만 할 수 있는 작업은 피해야 한다.
- 일관성을 유지해야 한다.
- 피드백을 제공해야 한다.
- 종료 방법을 명확히 알아볼 수 있도록 만들어야 한다.
- 단축키 기능을 제공해야 한다.
- 이해하기 쉽도록 에러 메시지를 작성해야 한다
- 에러가 발생하지 않도록 해야 한다.

2009년 39번

SOA(Service Oriented Architecture)의 일종인 XML 웹 서비스에서 특정 서비스의 인터페이스를 정의하는데 사용되는 표준은?

① SOAP ② WSDL ③ UDDI ④ WS-BPEL

해설 : ②번

- WSDL은 웹 서비스의 인터페이스 정의 언어로 사용되는 표준

관련지식

1) SOA의 정의

- 데이터 • 애플리케이션을 비즈니스 관점에서 표준 블록 단위로 나눠 하나의 서비스로 구성한 뒤 웹 서비스 기술 등을 적용, 각 서비스를 조합 또는 재사용함으로써 운영체계와 프로그래밍 언어 등에 무관하게 IT자원을 통합 관리하는 아키텍처 또는 사상 (모델링 및 설계 패턴)

2) Web 서비스

- 웹 서비스는 특정 소프트웨어 패키지에 종속적이지 않은, 개방형 구조를 갖고, 인터넷 공간을 기본 채널로 이용하고, 표준 기술을 바탕으로 한 인터페이스를 갖는 모듈화 된 일련의 소프트웨어 구성임
- "XML"과 "인터넷 프로토콜"을 통해 "표준화된 방식으로 상호작용"
- 프로그래밍 레벨의 결합이 아닌 소프트웨어 구성 요소임
- 서비스 제공자, 서비스 요청자, 서비스 중개자로 구성

3) 웹 서비스의 구성요소

- XML(eXtensible Markup Language) : 데이터 기술
- SOAP(Simple Object Access Protocol) : 웹 서비스 호출, 분산환경에서 정보를 교환, 실제 서비스의 요청,응답을 정의
- WSDL(Web Services Description Language) : 웹 서비스의 인터페이스 정의 언어(Interface Definition Language: IDL), 웹 서비스 사용자가 쉽고 빠르게 웹 서비스와 연동할 수 있도록 각각의 웹 서비스의 인터페이스에 관한 정보를 표준화된 방식으로 기술하기 위한 표준화된 XML 문서 형식
- UDDI(Universal Description, Discovery and Integration) : 웹 서비스 검색, 분류

2010년 27번

소프트웨어 재사용 분류방법 중 Facet 분류 방법에 대한 설명으로 적절하지 않는 것은?

① 재사용 시스템에서 컴포넌트 선정을 위한 질의어 작성에 쉽게 이용할 수 있다.
② 여러 가지 Facet들 중 찾으려 하는 알맞은 속성을 나타내는 항목들을 선택하여 합성함으로써 특정 컴포넌트를 검색한다.
③ 컴포넌트들의 집합을 점차 좁은 클래스로 분할해 가면서 그들 사이의 계층적 관련성을 표현한다.
④ 컴포넌트들이 갖는 여러 속성들을 각 Facet의 항목들로 표현하므로 새로운 컴포넌트의 추가가 쉬워 확장성이 좋다.

해설 : ③번

- 재사용 부품을 저장하고 검색하는 시스템을 설계할 때의 고려할 사항으로 부품을 분류하는 방법과 부품을 저장하고 검색하는 방법. 소프트웨어의 분류 방식으로는 주로 Enumerative분류 방식과 Facet분류 방식이 사용.
- Enumerative 분류 방식은 일반적인 지식을 점차 좁은 클래스로 분할을 하면서 그들 간의 관계를 표현하는 방식

관련지식

1) Enumerative 분류 방식
- 정의 : 일반적인 지식을 점차 좁은 클래스로 분할을 하면서 그들 간의 관계를 표현하는 방식
- 특장점 : Enumerative 분류는 가능한 모든 클래스를 계층적으로 미리 정의한 다음, 각 부품들을 가장 알맞은 클래스에 할당하는 방식. 이러한 방식은 객체들이 갖는 여러 가지 속성들을 한꺼번에 고려하여 분류 체계에 표현하기 때문에 클래스간의 계층적 관계가 자연스럽게 명시되지만, 분류 체계가 크고 복잡하면 이해하기 어렵고 확장에 어렵고 미리 모든 클래스를 정의해 두어야 하는 단점
- 예 : 생물 - 식물, 동물-육상동물, 수상동물 …

2) Facet 분류 방식
- 정의 : 적당한 항목들을 선택하여 이들을 합성(Synthesis)함으로써 객체(Object)를 분류하는 방식
- 특장점 : 객체들이 갖는 기본적인 클래스만을 표현하므로 분류 체계가 간단하여 이해하기가 쉽고 해당 facet에 기본적인 클래스만 첨가하여 분류 체계를 확장시킬 수 있어서 확장이 용

이한 반면에 클래스간의 계층성을 명시적으로 분류 체계에 표현하기 어려움

〈생물 facet〉	〈서식지 facet〉	〈계통 facet〉	〈발생 facet〉	〈호흡 facet〉
식물	수상	무척추	태생	아가미
동물	육상	척추	난생	허파
				피부

〈척추동물 facet〉	〈양서류 facet〉	〈포유류 facet〉	〈조류 facet〉	〈인간 facet〉
양서류	개구리	사람	참새	황인종
포유류		곰	까치	백인종
조류		고래	학	흑인종

3) 컴포넌트에서 Facet 분류 방식 사용하는 이유

- Enumerative 분류 안은 Facet 분류 안보다 컴포넌트 상호간의 계층적인 관계를 잘 나타내지만 전혀 성질이 다른 새로운 컴포넌트의 추가 시에는 사용자의 요구에 따라 분류 계층(Classification hierarchy)을 다시 작성해야만 하는 어려움이 있다. 즉 신축성이 떨어진다고 할 수 있음. Faceted 분류 안은 계층적인 의미가 아니라 수평적인 의미이므로 한 개의 새로운 컴포넌트의 추가에도 쉽게 추가 삭제가 용이하기 때문에 Facet 분류 방법 사용

2010년 48번

보험(Boehm)에 의하면 일반적으로 소프트웨어 생명주기는 분석 → 설계 → 구현 → 시스템 테스트 → 유지보수의 과정을 거친다고 하였다. 이때 설계단계는 다시 기본설계와 상세 설계로 나눌 수 있는데 상세 설계단계에서 수행해야 할 작업내용 중 가장 적절한 것은?

① 소프트웨어 시스템의 개념에 대한 정의와 실행 가능성의 확인 작업
② 시스템 개발 계획 및 요구 기능의 정의
③ 각 프로그램에 대한 제어구조, 자료구조, 인터페이스 및 주요 알고리즘
④ 각 프로그램에 대한 코딩 및 부분 테스트

해설 : ③번

- 기본 설계(preliminary design) 단계에서는 소프트웨어 시스템의 구조와 데이터를 규명하며 사용자 인터페이스를 정의
- 상세 설계(detail design) 단계에서는 각 모듈의 구체적인 알고리즘에 초점
- 각 프로그램에 대한 코딩 및 부분 테스트는 개발 단계

관련지식

1) 관점별 설계 방식

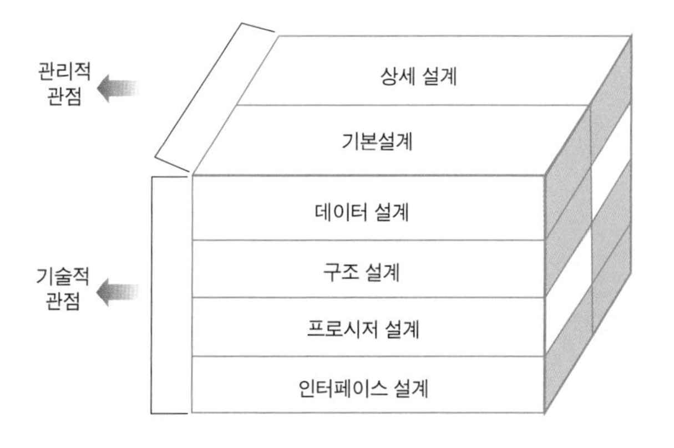

2) 기본설계

- 기본 설계 단계에서 우선 고려될 수 있는 것이 데이터에 대한 설계
- 기본 설계에서는 시스템에 필요한 정보(또는 객체)를 자료구조와 데이터베이스 설계에 반영
- 기본 설계 단계에서 사용자 인터페이스를 설계하는 것이 바람직
- 기본 설계에서는 사용자의 요구사항을 만족시킬 수 있도록 시스템의 구조를 설정

3) 상세설계

- 소프트웨어 구조의 설계에서 유도된 모듈 또는 오퍼레이션들에 대해 알고리즘을 설계하는 것
- 각 모듈의 구체적인 알고리즘 설계하고 표현과 코딩이 용이하도록 설계
- 수행이 가능하도록 설계
- 표현 방법 : N-S 도표(Nassi-Schneiderman Chart), 의사 코드(pseudo code), 의사 결정표(decision table), 의사 결정도(decision diagram), PDL(Program Design Language), 상태 천이도(state transition diagram), 행위도(action diagram), 흐름도(flow chart)

E03. 객체 지향 기법

시험출제 요약정리

1) 객체 지향의 개념

- 실 세계의 개체(Entity)를 속성(Attribute)과 메소드(Method)가 결합된 형태의 객체(Object)로 표현하는 개념

2) 객체 지향의 원리

구분	개 념	역 할	특 징
추상화	현실세계의 사실을 그대로 객체로 표현하기 보다는 문제의 중요한 측면을 주목하여 상세내역을 없애 나가는 과정	복잡한 프로그램을 간단하게 해주고 분석의 초점을 명확히 함	객체지향 언어에서는 클래스를 이용함으로써 데이터와 프로세스를 함께 추상화의 구조에 넣어 보다 완벽한 추상화를 실현
캡슐화 정보은닉	객체의 상세한 내용을 객체 외부에 철저히 숨기고 단순히 메시지만으로 객체와의 상호작용을 하게 하는 것	객체의 내부구조와 실체 분리로 내부 변경이 프로그램에 미치는 영향 최소화하여 유지보수도 용이 하게 함	클래스를 선언하고 그 클래스를 구성하는 객체에 대하여 "public" 선언 시 외부에서 사용 가능, "private" 선언 시 불가
상속성	수퍼 클래스가 갖는 성질을 서브클래스에 자동으로 부여하는 개념	프로그램을 쉽게 확장할 수 있도록 해주는 강력한 수단	상속의 효과는 클래스를 체계화할 수 있으며, 기존의 클래스로부터 확장이 용이
다형성	하나의 인터페이스를 이용하여 서로 다른 구현 방법을 제공하는 것	특정 지식을 최소화한 관련된 클래스들을 위한 일관된 매개체를 개발하는 수단을 제공	Overloading :동일한 이름의 operation사용(수평적) Overriding :슈퍼클래스의 메소드를 서브 클래스에서 재정의(수직적)
연관성	클래스간의 연관 관계를 정의	객체간의 관계를 세부적으로 정의하여 구현 용이	일반화(Generalization) : is-a 상세화(Specialization) : has-a 집단화(Aggregation) : is-part-of

3) 서브시스템 분해 전략

- 객체 지향 분해 :시스템을 서로 통신하는 객체들로 분해
- 기능 지향 파이프라이닝 : 시스템 입력을 받아들여 출력 데이터로 변환하는 기능모듈로 분해

3-1) 객체 지향 분해

- 시스템을 잘 정의된 인터페이스를 가진 약하게 결합된 개체들로 구성 (클래스, 속성, 오퍼레이션) - 객체는 클래스로부터 생성되고 일부 제어모델이 객체 오퍼레이션을 조정하는데 이용
- 느슨하게 결합되어 있으므로 다른 객체에 영향을 주지 않음
- 장점 : 다른 객체에 영향이 적다. 시스템 구조를 쉽게 이해, 재사용 가능
- 단점 : 변경 효과에 대한 평가 필요, 더 복잡한 객체 표현의 어려움

3-2) 기능 지향 파이프라이닝

- 기능 변환을 통해 입력을 처리하여 출력을 생성
- 데이터는 차례로 일련의 흐름에 따라 이동하면서 변환
- 변환은 순차적 혹은 병렬적으로 실행
- 장점 : 재사용, 직관적, 병렬/순차 시스템 구현 용이
- 단점 : 공통적인 데이터 이동 양식이 필요, 대화식 시스템 구현은 어려움

기출문제 풀이

2004년 34번

Polygon" 클래스가 갖고 있는 "draw"함수를 하위클래스인 "Triangle"과"Circle"에서 재정의하여 서로 다른 기능을 수행하도록 한다. 이러한 객체지향의 특징을 무엇이라 하는가?

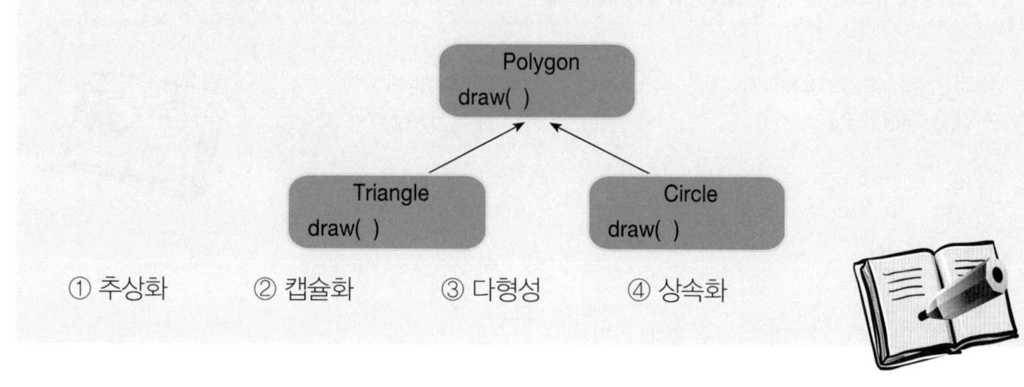

① 추상화 ② 캡슐화 ③ 다형성 ④ 상속화

해설 : ③번

- 다형성(Polymorphism)은 동일한 메시지가 서로 다른 객체에 보내어 지더라도 수신 객체는 자기 자신의 고유한 방법만으로 행동하는 것 즉, 서로 다른 객체가 동일한 메시지에 고유한 방법으로 응답할 수 있는 능력을 말한다. 다형성의 장점은 재사용성, 자료의 추상화, 자료의 상속성, 복잡성을 단순화, Super Class와 Sub Class의 대칭성을 이용 다형성을 구사 가능함으로 유연성 증대.

관련지식

1) Inheritance
- 하나의 클래스를 여러 서브 클래스들로 세분하거나, 유사한 클래스들을 군으로 묶어서 하나의 슈퍼 클래스로 정의하는 과정. Super class가 가지는 속성인 전용 Attribute와 방법을 Sub Class에서 접근할 수 있다는 의미

2) Information Hiding
- 특정모듈의 정보를 필요로 하지 않는 모듈이 접근하지 못하도록 세부 내용을 은폐하고 설계하는 방법, 데이터 추상화 + Control 추상화 + Function 추상화, Block Box화 함으로써 모듈의 결합도(Coupling)를 낮출 수 있음

3) 다형성
- 하나의 인터페이스를 이용하여 서로 다른 구현 방법을 제공하는 것

4) 추상화
- 현실세계의 사실을 그대로 객체로 표현하기 보다는 문제의 중요한 측면을 주목하여 상세내역을 없애 나가는 과정

2004년 43번

다음과 같은 특징을 갖는 객체지향 개념은?

- 변경이 발생할 때 부작용의 전파를 감소시켜 준다.
- 컴포넌트 재사용을 용이하게 해준다.
- 인터페이스는 단순해지고 시스템 결합도는 낮아진다.

① 다중정의(overriding) ② 상속(inheritance)
③ 캡슐화(encapsulation) ④ 다형성(polymorphism)

해설 : ③번

– 외부 인터페이스와 내부 구현을 분리하는 기법으로 모듈의 결합도가 낮아지는 장점이 있음

관련지식

1) 객체지향의 개념

– 실 세계의 개체(Entity)를 속성(Attribute)과 메소드(Method)가 결합된 형태의 객체(Object)로 표현하는 개념

2) 객체 지향의 원리

구분	개 념	역 할	특 징
추상화	현실세계의 사실을 그대로 객체로 표현하기 보다는 문제의 중요한 측면을 주목하여 상세내역을 없애 나가는 과정	복잡한 프로그램을 간단하게 해주고 분석의 초점을 명확히 함	객체지향 언어에서는 클래스를 이용함으로써 데이터와 프로세스를 함께 추상화의 구조에 넣어 보다 완벽한 추상화를 실현
캡슐화 정보은닉	객체의 상세한 내용을 객체 외부에 철저히 숨기고 단순히 메시지만으로 객체와의 상호작용을 하게 하는 것	객체의 내부구조와 실체 분리로 내부 변경이 프로그램에 미치는 영향 최소화하여 유지보수도 용이 하게 함	클래스를 선언하고 그 클래스를 구성하는 객체에 대하여 "public" 선언시 외부에서 사용 가능, "private" 선언시 불가
상속성	수퍼 클래스가 갖는 성질을 서브클래스에 자동으로 부여하는 개념	프로그램을 쉽게 확장할 수 있도록 해주는 강력한 수단	상속의 효과는 클래스를 체계화할 수 있으며, 기존의 클래스로부터 확장이 용이

구분	개 념	역 할	특 징
다형성	하나의 인터페이스를 이용하여 서로 다른 구현 방법을 제공하는 것	특정 지식을 최소화한 관련된 클래스들을 위한 일관된 매개체를 개발하는 수단을 제공	Overloading :동일한 이름의 operation사용(수평적) Overriding :슈퍼클래스의 메소드를 서브 클래스에서 재정의(수직적)
연관성	클래스간의 연관 관계를 정의	객체간의 관계를 세부적으로 정의하여 구현용이	일반화(Generalization) : is–a 상세화(Specialization) : has–a 집단화(Aggregation) : is–part–of

2004년 48번

다음 중 분산 객체 모델의 분산 객체(distributed object)들 사이의 통신 방식에 가장 적합한 것은?

① 전역 변수 사용(sharing global variables)
② 프로시저 호출(procedure calls)
③ 메시지 전달(message passing)
④ 데이터 흐름(data flows)

해설 : ③번

- 객체지향 프로그래밍에서 객체간의 통신은 메시지 전달로 이루어짐

관련지식

1) **전역 변수 사용**(sharing global variables)
- 접근범위 : 전역 변수는 지역 변수와 반대되는 개념으로 정의한 파일에 있는 모든 함수에서 접근 할 수 있음.
- 존속기간 : 프로그램이 시작할 때 통상적으로 생성되고, 프로그램이 종료할 때 소멸한다.

2) Procedure Call
- 프로그램내의 함수(Procedure) 들을 호출하는 것

3) Remote Procedure Call
- 컴퓨터 프로그램이 다른 주소 공간에서 원격 제어를 위한 프로그래머의 세세한 코딩 없이 함수나 프로시저의 실행을 허용하는 기술을 말함.
- 마치 같은 프로그램 내의 함수(Procedure)를 호출하는 것과 같이 원격의 프로그램 내의 함수를 호출해서 결과를 받음
- 요청하는 프로그램이 원격 절차의 처리 결과가 반환될 때까지 일시 정지되어야 하는 동기식 운영
- RPC(Remote Procedure Call)이란 '멀리 떨어져(Remote) 있는 컴퓨터상의 프로그램이 다른 컴퓨터 내에 있는 서브프로그램(Procedure)을 불러내는(Call)' 것을 의미
- IEEE는 1991년 11월에 ISO Remote Procedure Call Specification, ISO/IEC CD 11578 N6561, ISO/IEC에서 RPC를 정의
- RPC는 OSI 참조 모델내의 전달계층과 응용계층을 연결

- RPC는 네트웍 내에 분산되어 있는 여러 프로그램들을 포함하는 응용프로그램 개발 지원
- 클라이언트/서버 통신을 위한 대체방안으로는 메시지 큐잉과 IBM의 APPC (advanced program-to-program communication) 등이 활용됨
- RPC의 전송 프로토콜(transmit protocol)로서 TCP/IP, IPX, Named Pipe등을 사용 할 수 있음
- ORPC (Object RPC) : 객체 지향 개념을 도입한 RPC, 객체의 메소드를 호출, 파라미터로 객체를 직접 전송

4) **메시지 전달**(message passing)
- 객체가 보내는 데이터를 사용하는 과정에서 다른 객체 또는 원하는 메소드에 다른 객체를 요청
- 메시지를 전달하는 것이 하나의 프로세스
- Socket 통신

5) **요청/응답 방식**(request/response)
- HTTP, RPC, CORBA, DCOM, RMI
- 메시지를 전달(request)하고 결과(response)를 되돌려 받는 것이 하나의 프로세스 → 내부적인 함수 호출과 동일한 방식 가능

2004년 49번

객체지향 개발 기술 및 개발 방법론에 대한 설명 중 틀린 것은?

① 객체지향의 기본원리로는 추상화, 캡슐화, 상속성 등이 있다.
② 객체지향 프로그래밍 언어는 소프트웨어의 재사용 및 구조화가 지원이 잘 되어 컴퓨터 하드웨어 시스템을 가장 효율적으로 사용할 수 있다.
③ 객체지향 방법론은 소프트웨어 위기를 극복하기 위한 대안으로 발전했으며, 활성화가 예상되는 CBD 방법론으로 더욱 발전하고 있다.
④ 객체지향 분석은 기존의 방법에 비해 실 세계를 보다 정확히 모델링 할 수 있고, 분석과 설계의 표현에 차이점이 없어 시스템 개발을 용이하게 해준다.

해설 : ②번

- 가장 효율적으로 사용 한다고 말하기 힘듦
- 객체지향 프로그래밍 언어는 다른 언어에 비해 성능이 많이 요구됩니다. 이유로는 상속인 경우 상위 클래스까지 올라가야 하기 때문입니다. 그래서 CBD에서는 소스코드 기반의 상속을 과감히 제거

관련지식

1) 객체 지향 기본 원리 (2004년 43번 참조)
- 추상화, 캡슐화, 상속성, 연관성, 메시지 전달

2) 객체지향 방법론 개념
- 요구분석, 업무영역분석, 설계, 구축, 시험의 전 단계가 객체지향 개념에 입각하여 일관된 모델을 가지고 소프트웨어를 개발하는 방법론
- 실 세계의 문제 영역에 대한 표현을 소프트웨어 해결 영역으로 Mapping 하는 방법으로 객체간에 메시지를 주고받는 형태로 시스템 구성

3) 객체지향 방법론의 특징
- 현실세계 및 인간의 사고방식과 유사
- 일관성, 추적성 : 전체 공정에서 각 단계간의 전환과 변경이 자연스럽고 신속함

2007년 26번

서브시스템을 모듈로 분해하는 전략으로 객체지향 분해와 기능 지향 파이프라이닝(Function-Oriented Pipelining)을 들 수 있다. 기능지향 파이프 라이닝의 특징 중 틀린 것은?

① 입력 데이터를 받아 출력을 내는 일련의 과정, 즉 변환(Transform)이 재사용 될 수 있다.
② 오퍼레이션의 순서에 관한 정보를 포함하지 않는다.
③ 대개 새로운 변환을 첨가하여 시스템을 진화시키는 것이 쉽다.
④ 병행 시스템이나 순차 시스템으로 구현하는 것이 간단하다.

해설 : ②번

- 자료흐름 모델: 시스템은 입력을 출력으로 변경시키는 기능 모듈로 분해된다. 일명 Pipeline 모델

관련지식

1) 서브시스템 설계
- 시스템을 단위가 큰 구성 요소들로 분해한 추상화
- 각 구성 요소는 실질적인 시스템
- 서브 시스템을 나타내기 위해서는 블록 다이어그램을사용

2) 모듈 분해 스타일
- 전체적인 시스템 구성을 선택 한다.
- 서브 시스템을 모듈로 분해하는데 이용 될 기법을 결정하는 것이 필요
- 서브 시스템과 모듈 구분 방식
  (1) 서브시스템 : 고유의 오퍼레이션 보유, 모듈로 구성, 다른 서브시스템간의 통신 인터페이스
  (2) 모듈 : 다른 모듈에 하나 이상 서비스제공, 다른 모듈의 서비스 이용, 비독립적인 시스템

3) 서브시스템 분해 전략
- 객체 지향 분해 : 시스템을 서로 통신하는 객체들로 분해
- 기능 지향 파이프라이닝 : 시스템 입력을 받아들여 출력 데이터로 변환하는 기능모듈로 분해

4) 객체 지향 분해
- 시스템을 잘 정의된 인터페이스를 가진 약하게 결합된 개체들로 구성 (클래스,속성,오퍼레이션)

– 객체는 클래스로부터 생성되고 일부 제어모델이 객체 오퍼레이션을 조정하는데 이용
– 느슨하게 결합되어 있으므로 다른 객체에 영향을 주지 않음
– 장점 : 다른 객체에 영향이 적다. 시스템 구조를 쉽게 이해, 재사용 가능
– 단점 : 변경 효과에 대한 평가 필요, 더 복잡한 객체 표현의 어려움

5) 기능 지향 파이프라이닝
– 기능 변환을 통해 입력을 처리하여 출력을 생성
– 데이터는 차례로 일련의 흐름에 따라 이동하면서 변환
– 변환은 순차적 혹은 병렬적으로 실행
– 장점 : 재사용, 직관적, 병렬/순차 시스템 구현 용이
– 단점 : 공통적인 데이터 이동 양식이 필요, 대화식 시스템 구현은 어려움

2007년 40번

객체지향 프로그래밍의 특징 중 캡슐화의 효과로 가장 적합하지 않은 것은?

① 한 객체는 정보의 손상과 오용을 막을 수 있다
② 여러 객체 사이의 독립성이 구조적으로 보장된다.
③ 클래스를 체계화 할 수 있으며 기존 클래스로부터 확장하기가 쉽다.
④ 공개된 오퍼레이션만 정확히 알면 외부에서 그 객체를 사용할 수 있다.

● 해설 : ③번

- 기존 클래스 확장은 객체지향프로그램 특징 중 상속성의 장점임

● 관련지식

1) 객체 지향의 정의
  - 실 세계의 개체(Entity)를 속성(Attribute)과 메소드(Method)가 결합된 형태의 객체(Object)로 표현하는 개념
  - 실 세계의 문제 영역에 대한 표현을 소프트웨어 해결 영역으로 Mapping 하는 방법으로 객체간에 메시지를 주고받는 형태로 시스템 구성

2) 객체지향 프로그래밍의 정의
  - 프로그램을 오브젝트를 기본 단위로 해서 프로그래밍하는 기법

3) 객체지향 프로그래밍 기법 원리 (2004년 43번 참조)
  - 추상화, 캡슐화, 상속, 연관

2009년 31번

객체지향 기법에서 분석 객체 모델과 분석 유스케이스 실현 모델은 각각 클래스 다이어그램과 시퀀스 다이어그램으로 표현되지만 동일한 하나의 시스템을 모델링 하는 것이므로 서로 만족해야 할 조건들이 있다. 다음 중 가장 거리가 먼 것은?

① 객체 모델의 클래스와 유스케이스 실현 모델의 객체 사이의 일관성
② 객체 모델의 연산과 유스케이스 실현 모델의 메시지 사이의 일관성
③ 객체 모델의 연관과 유스케이스 실현 모델의 메시지 사이의 일관성
④ 객체 모델의 클래스와 유스케이스 실현 모델의 메시지 사이의 일관성

● 해설 : ④번

- 객체 모델의 클래스와 유스케이스 실현 모델의 메시지 사이의 일관성 유지는 낮음

● 관련지식

1) 객체지향의 정의
- 실 세계의 개체(Entity)를 속성(Attribute)과 메소드(Method)가 결합된 형태의 객체(Object)로 표현하는 개념

2) 객체지향 개발의 절차

단계	작업항목	설명
요건 정의	Use Case Driven	인터뷰, 관찰, 시나리오를 이용하여 도출
객체지향분석	객체(정적)모델링 - 객체다이어그램	시스템 정적 구조 포착 추상화,분류화,일반화,집단화
	동적모델링 – 상태다이어그램	시간흐름에 따라 객체 사이의 변화조사 상태,사건,동작
	기능모델링 – 자료흐름도	입력에 대한 처리결과에 대한 확인
객체지향설계	시스템 설계 (아키텍처 설계)	시스템구조를 설계 성능최적화 방안, 자원분배방안
	객체 설계	구체적 자료구조와 알고리즘 구현
객체지향구현	객체지향언어(객체,클래스)로 프로그램	객체지향언어(C++, JAVA), 객체지향DBMS

3) 클래스다이어그램과 시퀀스 다이어그램
- 클래스와 유스케이스 모델의 객체 사이의 일관성, 객체연산/연관과 유스케이스 메시지의 일관성

2009년 47번

다음은 정보은닉의 개념에 대하여 설명한 것이다. 적절치 않는 것은?

① C++, Java, Ada 와 같은 언어에서 제공되는 기능이다.
② 사용자가 자료구조를 정의하면, 그것에 적용될 연산도 같이 정의하여야 한다.
③ 선언된 구조에 지정된 연산 외에는 그 구조의 정보를 접근할 수 없다.
④ int, float와 같은 내장형 구조는 정보은닉 개념이 적용될 자료 구조라고 볼 수 없다.

해설 : ④번

- Int나 float는 정보 은닉의 개념을 적용함.

관련지식

1) 객체지향 기법

- 실 세계의 개체(Entity)를 속성(Attribute)과 메소드(Method)가 결합된 형태의 객체(Object)로 표현하는 개념
-객체 지향의 원리 : 추상화, 캡슐화, 정보은닉, 상속성, 다형성, 연관성

2) 정보은닉

- 객체의 상세한 내용을 객체 외부에 철저히 숨기고 단순히 메시지만으로 객체와의 상호작용을 하게 하는 것
- 객체의 내부구조와 실체 분리로 내부 변경이 프로그램에 미치는 영향 최소화하여 유지보수도 용이 하게 함
- 클래스를 선언하고 그 클래스를 구성하는 객체에 대하여 "public" 선언시 외부에서 사용 가능, "private" 선언 시에는 외부 사용 불가
- Int, float형의 내부 예약어도 정보 은닉의 개념을 가지고 있음.

3) 다형성

- 하나의 인터페이스를 이용하여 서로 다른 구현 방법을 제공하는 것
- Overloading : 동일한 이름의 operation사용(수평적)
- Overriding : 슈퍼클래스의 메소드를 서브 클래스에서 재정의(수직적)

E04. 국제표준

시험출제 요약정리

1) 국제표준

- 제품 관점의 표준 : ISO/IEC 9126, ISO/IEC 14598, ISO/IEC 12119, ISO/IEC 25000
- 프로세스 관점의 국제 표준 : ISO 9000-3, ISO/IEC 12207, ISO/IEC 15504(SPICE), CMMI
  (SPICE와 CMMI는 프로세스 표준에서 설명)

2) ISO/IEC 9126

1-1) 의미

- 품질의 특성 및 척도에 대한 국제 표준화, 품질보증을 위한 구체적 정의 필요
- 1980년대 후반 ISO에서 사용자관점에서의 SW 품질특성의 표준화 작업 수행

1-2) 품질 주 특성

- 품질속성: Functionality, Reliability, Usability, Efficiency, Maintainability, Portability
- 기능성 (Functionality) : 일련의 기능존재와 규정된 기능특성과 관련된 속성들의 집합
- 신뢰성 (Reliability) : 명시된 기간 동안 명시된 조건에서 그의 성능수준을 유지하는 소프트웨어능력과 관련된 속성의 집합
- 사용성 (Usability) : 사용을 위한 노력과 사용에 대한 개개인의 심사와 관련된 속성의 집합
- 효율성 (Efficiency) : 규정된 조건에서 소프트웨어 성능수준과 사용된 자원의 양 사이에 관계된 속성의 집합
- 유지보수성 (Maintainability) : 규정된 수정을 수행하기 위하여 필요한 노력과 관련된 속성집합
- 이식성 (Portability) : 다른 환경으로 이전되는 소프트웨어 능력과 관련된 속성의 집합

2) ISO/IEC 14598

2-1) 의미 : 소프트웨어 제품평가에 대한 국제적인 표준으로 ISO 9126의 사용을 위한 절차와 기본 상황 및 소프트웨어 평가 프로세스에 대한 표준 규정한 것

2-2) 특징
- ISO 9126 시리즈에 규정한 표준 준수
- 품질평가의 측정기술, 측정결과의 해석방법 등은 규정하고 있지 않음

3) ISO/IEC 12119

3-1) 의미 : 소프트웨어 패키지 형태의 제품에 대한 품질 요구와 시험에 대한 표준

3-2) 요구사항
- 명확화 : 제품의 정보, 기능 특징, 처리능력, 한계 등에 대한 명확한 제시
- 유사문서정의 : 설명서 외에 시방서 등도 기준 준수
- 변경용이성 : 버젼별, 기능 Update시 변경용이
- 환경명세 : 운용에 필요한 S/W, H/W 환경 명시
- 기타 : 보안, 백업절차, 설치가능여부, 저작권, 복제방지기술, 유지보수에 대한 사항 명시, 에러, 경고 메시지 등도 문서만으로 분류가 되어야 함

4) ISO/IEC 25000 (SQuaRE)

4-1) 배경 : S/W제품 품질모델/특징(ISO9126), SW제품 품질 평가지침(ISO14598), SW 패키지 제품 품질 요구 및 시험(ISO12119)를 하나로 통일하고자 함

4-2) 의미 : SW 개발 공정 각 단계에서 산출되는 제품이 사용자 요구를 만족하는 지 검증하기 위해 품질 측정과 평가를 위한 모델, 측정기법, 평가방안에 대한 국제표준

4-3) 구성
- 품질요구, 품질모델, 품질관리, 품질측정, 품질평가로 이루어짐

5) ISO 9000-3

- 국제 표준화 기구 기술위원회에서 제정한 품질 경영과 품질 보증에 관한 국제규격
- 통상 활동을 원활히 하기 위해 ISO에서 제정한 공급자와 구매자 사이의 품질경영과 품질 보증에 관한 기준
- 소프트웨어의 개발, 공급, 유지보수에 대하여 ISO 9001을 적용한 모델 (ISO 9001을 소프

트웨어 산업에 적용한 모델)

6) ISO/IEC 12207

- 소프트웨어 프로세스에 대한 표준화
- 체계적인 소프트웨어 획득, 공급, 개발, 운영 및 유지보수를 위해서 소프트웨어 생명주기 공정 (SDLC Process) 표준을 제공함으로써 소프트웨어 실무자들이 개발 및 관리에 동일한 언어로 의사 소통할 수 있는 기본 틀을 제공하기 위한 프로세스

기출문제 풀이

2004년 28번

소프트웨어 품질보증 분야에 대한 국제표준인 ISO/IEC 9126과 ISO/IEC 14598에 대한 설명 중 틀린 것은?

① ISO/IEC 9126은 제품평가 분야에 대한 표준으로 소프트웨어 제품에 요구되는 품질을 정량적으로 기술하거나 소프트웨어의 품질을 측정하는 척도로 사용할 수 있다.
② ISO/IEC 14598은 프로세스평가 분야에 대한 표준으로 소프트웨어 개발조직의 능력을 평가하거나 개발공정을 개선하는데 필요한 사항을 다루고 있다.
③ ISO/IEC 9126은 소프트웨어 제품의 품질특성으로 기능성, 신뢰성, 사용성, 효율성, 유지보수성, 이식성을 제시하고 있다.
④ 1994년 분리되었던 ISO/IEC 9126과 ISO/IEC 14598을 다시 통합하기 위한 노력으로 최근 SQuaRE 프로젝트가 진행되고 있다.

해설 : ②번

품질 인증은 크게 2가지가 있습니다. 개발 결과물을 대상으로 검토하는 것과 만드는 과정을 검토하는 것. 9126, 14598은 제품 자체를 검토하는 것이고, CMM이나 SPICE는 프로세스는 검토하는 것입니다.

관련지식

1) ISO/IEC 9126의

1-1) 의미
- 품질의 특성 및 척도에 대한 국제 표준화, 품질보증을 위한 구체적 정의 필요
- 1980년대 후반 ISO에서 사용자관점에서의 SW 품질특성의 표준화 작업 수행

1-2) 품질 주 특성
- 기능성, 신뢰성, 사용성, 효율성, 유지보수성, 이식성

2) ISO/IEC 14598

2-1) 의미 : 소프트웨어 제품평가에 대한 국제적인 표준으로 ISO 9126의 사용을 위한 절차와 기본 상황 및 소프트웨어 평가 프로세스에 대한 표준 규정한 것

2-2) 시리즈

14598-1	표준의 일반적 개요
14598-2	제품품질 측정계획 및 구현, 제품평가 기능 관리
14598-3	개발자의 SW 제품평가 활동
14598-4	획득자의 SW 제품평가 활동
14598-5	평가자의 SW 제품평가 활동
14598-6	평가자료와 명령의 구조적 집합, 평가모듈 문서화

2-3) 특징
- ISO 9126 시리즈에 규정한 표준 준수
- 품질평가의 측정기술, 측정결과의 해석방법 등은 규정하고 있지 않음

3) ISO/IEC 12119

3-1) 의미 : **소프트웨어 패키지 형태의 제품에 대한 품질 요구와 시험에 대한 표준**

3-2) 요구사항
- 명확화 : 제품의 정보, 기능 특징, 처리능력, 한계 등에 대한 명확한 제시
- 유사문서정의 : 설명서 외에 시방서 등도 기준 준수
- 변경용이성 : 버젼별, 기능 Update시 변경용이
- 환경명세 : 운용에 필요한 S/W, H/W 환경 명시
- 기타 : 보안, 백업절차, 설치가능여부, 저작권, 복제방지기술, 유지보수에 대한 사항 명시, 에러, 경고 메시지 등도 문서만으로 분류가 되어야 함

4) ISO/IEC 25000 (SQuaRE)

4-1) 배경 : S/W제품 품질모델/특징(ISO9126), SW제품 품질 평가지침(ISO14598), SW패키지 제품 품질 요구 및 시험(ISO12119)를 하나로 통일하고자 함

4-2) 의미 : SW 개발 공정 각 단계에서 산출되는 제품이 사용자 요구를 만족하는 지 검증하기 위해 품질 측정과 평가를 위한 모델, 측정기법, 평가방안에 대한 국제표준

4-3) 구성
- 품질요구, 품질모델, 품질관리, 품질측정, 품질평가로 이루어짐

2006년 44번

소프트웨어 생명주기 프로세스 표준인 ISO 12207에서 지원생명주기 프로세스에 포함되지 않는 것은?

①형상관리 ②문제해결
③품질보증 ④유지보수

해설 : ④번

- 기본 프로세스 : 획득, 공급, 개발, 운영, 유지보수
- 지원 프로세스 : 문서화, 형상관리, 품질보증, 검증, 확인, 합동검토, 감사, 문제해결
- 조직 프로세스 : 기반구조, 관리, 개선, 교육훈련

관련지식

1) ISO 12207의 기본 생명주기 프로세스(Primary life–cycle processes)
- 획득공정(Acquisition process): 소프트웨어 획득 활동을 정의함
- 공급공정(Supply process): 공급자 또는 수주자의 활동들을 정의함
- 개발공정(Development process): 개발자의 제품 개발활동을 정의함
- 운영공정(Operation process): 운영환경에서 서비스 제공 조직의 활동을 정의함
- 유지보수공정(Maintenance process): 유지보수 서비스 제공 조직의 활동을 정의함

2) ISO 12207의 지원 생명주기 프로세스(Supporting life-cycle processes)
- 문서화 공정(Documentation process): 프로젝트에서 산출된 정보를 기록하기 위한 활동임
- 형상관리 공정(Configuration management process): 형상관리활동을 정의함
- 품질보증 공정(Quality assurance process): 제품이 명시된 요구사항에 적합하고, 설정된 계획을 고수하고 있음을 객관적으로 보증하기 위한 활동을 정의함
- 확인 공정(Verification process): 발주자 및 수주자 혹은 독립조직이 제품을 검증하기 활동
- 검증 공정(Validation process): 발주자 및 수주자 혹은 독립조직이 제품을] 확인하기 활동
- 합동검토 공정(Joint review process): 활동의 상태와 산출물을 평가하기 위한 활동을 정의함
- 감사 공정(Audit process): 요구사항, 계획, 계약에의 순응을 결정하기 위한 활동을 정의함
- 문제해결 공정(Problem resolution process): 개발, 운영, 유지보수 혹은 다른 과정을 수행하는 동안에 발견된 문제점(부적함 사항 포함)을 분석하고 제거하기 위한 공정임

3) ISO 12207의 조직 생명주기 프로세스(Organizational life-cycle processes)

- 관리 공정(Management process): 프로젝트 관리를 포함한 기본적인 관리활동을 정의함
- 기반구조 공정(Infrastructure process): 기반구조 설정을 위한 기본적인 활동을 정의함
- 개선 공정(향상;Improvement process): 획득자, 공급자, 개발자, 운영자, 유지보수자 등이 생명주기 공정의 설정, 측정, 통제, 개선을 위해서 수행하는 기본적인 활동
- 교육훈련 공정(Training process): 교육훈련 활동을 정의함.

2006년 49번

ISO/IEC 9126 품질모델에서 제시하는 6가지 품질 속성에 해당하지 <u>않는 것은?</u>

①Portability ②Availability
③Efficiency ④Functionality

해설 : ②번

가용성은 해당 하지 않음.

관련지식

1) ISO/IEC 9126의 6가지 속성
- 품질속성: Functionality, Reliability, Usability, Efficiency, Maintainability, Portability
- 기능성 (Functionality) : 일련의 기능존재와 규정된 기능특성과 관련된 속성들의 집합
- 신뢰성 (Reliability) : 명시된 기간 동안 명시된 조건에서 그의 성능수준을 유지하는 소프트웨어능력과 관련된 속성의 집합
- 사용성 (Usability) : 사용을 위한 노력과 사용에 대한 개개인의 심사와 관련된 속성의 집합
- 효율성 (Efficiency) : 규정된 조건에서 소프트웨어 성능수준과 사용된 자원의 양 사이에 관계된 속성의 집합
- 유지보수성 (Maintainability) : 규정된 수정을 수행하기 위하여 필요한 노력과 관련된 속성 집합
- 이식성 (Portability) : 다른 환경으로 이전되는 소프트웨어 능력과 관련된 속성의 집합

2) ISO 9126-1
- 품질특성(6개), 부특성(21개)
- 구매, 요구명세서, 개발, 사용, 평가, 지원, 유지보수, 품질보증 및 소프트웨어 감사 등과 관련된 사람들이 서로 다른 관점에서 소프트웨어 제품 품질을 정의하고 평가할 수 있도록 함

3) ISO 9126-2 : **외부메트릭**
- S/W 완성단계의 측정 (Executable Code, Tests Case run 등)
- 소프트웨어가 사용될 때 외부적인 성질을 나타내는 것으로, 소프트웨어의 최종제품에 대한 품질요구사항과 설계목표를 명세할 경우 적용
- 사용자 및 관리자 관점

4) ISO 9126-3 : **내부메트릭**
- S/W 개발단계의 측정 (Source Code, 분석 document, Design Spec등)
- 내부적인 소프트웨어 속성을 기반으로 한 것으로 중간제품의 품질요구사항과, 설계목표 명세
- SDLC 단계별 산출물 평가요인 항목들에 따른 측정표를 구축하여 평가

5) ISO 9126-4 : **사용 중 품질**
- 사용상의 규정에 대하여 효율성, 생산성, 안전성 및 만족성의 규정 목표를 달성하는 SW능력
- 사용되는 소프트웨어 환경에 대한 결과로부터 측정

2007년 38번

ISO 9126 각 특성의 정의를 올바르게 짝지은 것은?

> 가. 사용자의 기능변경 필요성을 만족시키기 위하여 소프트웨어를 진화시키는 것이 가능해야 한다.
> 나. 소프트웨어가 자원을 쓸데없이 낭비하지 않아야 한다.
> 다. 소프트웨어는 적절한 사용자 인터페이스와 문서를 가지고 있어야 한다.

① 가. 유지보수성, 나. 효율성, 다. 사용성
② 가. 유지보수성, 나. 효율성, 다. 이식성
③ 가. 기능성, 나. 이식성, 다. 사용성
④ 가. 기능성, 나. 효율성, 다. 이식성

해설 : ①번

유지보수성, 효율성, 사용성

관련지식

1) ISO/IEC 9126의 개념
- SW 제품에 요구되는 품질의 정량적 기술
- 소프트웨어 품질특성과 척도에 관한 지침
- SW 생명주기 동안 SW 제품의 품질 요구사항 기술
- SW 제품의 품질평가에 사용되는 품질특성 및 Metric 정의
- 품질평가 및 측정 수단
- 측정, 등급부여 및 평가를 위한 하위특성, 측정치, 측정방법은 제공하지는 않음
- ISO9126 주특성 : 기능성, 신뢰성, 사용성, 효율성, 유지보수성, 이식성

2) ISO/IEC 9126의 구성 (2006년 49번 참조)

절차	내용
내부 매트릭스 (Internal Metrics)	ISO/IEC 9126-3 - 개발공정의 초기 단계인 설계와 코딩 중에 있는 실행할 수 없는(Non executable)제품에 적용된다.

절차	내용
외부 매트릭스 (External Metrics)	ISO/IEC 9126-2 – 개발공정의 후기 단계인 시험 과 운영단계에 있는 실행 가능한 소프트웨어에 적용된다. – 사용자, 평가자, 시험관, 개발자 들에게 소프트웨어 제품의 품질을 평가하고 시험과 운영기간에 보고서를 작성할 수 있도록 도움을 준다.
사용 중 품질 (Quality in use)	ISO/IEC 9126-4 – 사용품질 매트릭스 설명 – 사용 품질은 SW 자체의 특성보다 사용 결과에 의해 측정한다.

2009년 28번

산출물에 대한 품질 표준은 소프트웨어 프로세스가 생산하는 산출물들이 보유해야 하는 품질 특성을 정의한다. 산출물에 대한 품질 표준(ISO 9126)에서 품질 특성과 품질 부 특성의 연결로 틀린 것은?

① 기능성 - 적절성, 정확성, 보안성　　② 이식성 - 분석성, 변경성, 확장성
③ 신뢰성 - 성숙성, 오류허용성, 회복성　　④ 효율성 - 시간 효율성, 자원효율성

해설 : ②번

분석성, 변경성, 확장성은 유지보수성에 해당

관련지식

1) ISO 9126의 주특성과 부특성

주특성	내용	부특성
기능성	소프트웨어가 특정 조건에서 사용될 때, 명시된 요구와 내재된 요구를 만족하는 기능을 제공하는 소프트웨어 제품의 능력	적합성, 정확성, 상호운영성, 보안성, 준수성
신뢰성	명세된 조건에서 사용될 때, 성능 수준을 유지할 수 있는 소프트웨어 제품의 능력	성숙성, 결함허용성, 회복성, 준수성
사용성	– 명시된 조건에서 사용될 경우, 사용자에 의해 이해되고, 학습되고, 사용되고 선호될 수 있는 소프트웨어 제품의 능력. – 사용자에는 소프트웨어 사용에 영향을 받거나 의존하는 운영자, 최종 사용자, 그리고 간접 사용자 등이 포함 – 사용성은 사용 준비나 결과 평가 등 소프트웨어가 영향을 줄 수 있는 모든 사용자 환경에 대처	이해성, 학습성, 운용성, 친밀성, 준수성
효율성	– 명시된 조건에서 사용되는 자원의 양에 따라 요구된 성능을 제공하는 소프트웨어 제품의 능력 – 자원은 다른 소프트웨어 제품, 하드웨어 장비, 재료(예, 인쇄 용지, 디스켓) 등을 포함 – 사용자에 의해 운영되는 시스템에 대해서 기능성, 신뢰성, 운영성, 그리고 효율성 등의 복합체는 사용 품질에 의해 외부적으로 측정	시간반응성, 자원효율성, 준수성
유지 보수성	소프트웨어 제품이 변경되는 능력. 변경에는 환경과 요구사항 및 기능적 명세에 따른 소프트웨어의 수정, 개선, 혹은 개작 등이 포함된다.	분석성, 변경성, 안정성, 시험성
이식성	– 한 환경에서 다른 환경으로 전이될 수 있는 소프트웨어 제품의 능력 – 환경은 조직, 하드웨어 혹은 소프트웨어 환경	적응성, 설치성, 공존성, 대체성, 준수성

2010년 28번

ISO/IEC 9126-1 Quality Model에서 정의한 소프트웨어 산출물에 대한 품질 특성 중의 하나인 유지보수성(maintainability) 의 부특성에 해당하지 않는 것은?

① 설치성 (installability)　　② 시험성 (testability)
③ 안정성 (stability)　　④ 분석성 (analyzability)

해설 : ①번

설치성은 이식성에 해당

관련지식

1) ISO 9126의 주특성과 부특성

주특성	부특성
기능성	적합성, 정확성, 상호운영성, 보안성, 준수성
신뢰성	성숙성, 결함허용성, 회복성, 준수성
사용성	이해성, 학습성, 운용성, 친밀성, 준수성
효율성	시간반응성, 자원효율성, 준수성
유지보수성	분석성, 변경성, 안정성, 시험성
이식성	적응성, 설치성, 공존성, 대체성, 준수성

2) 유지보수성 상세 설명

- 의미 : 소프트웨어 제품이 변경되는 능력. 변경에는 환경과 요구사항 및 기능적 명세에 따른 소프트웨어의 수정, 개선, 혹은 개작 등이 포함된다.
- 분석성(Analyzability) :소프트웨어의 결함이나 고장의 원인 혹은 변경될 부분들의 식별에 대한 진단을 가능하게 하는 소프트웨어 제품의 능력.
- 변경성(Changeability) : 변경 명세가 구현될 수 있도록 하는 소프트웨어 제품의 능력.
- 안정성(Stability) : 소프트웨어 변경으로 인한 예상치 않은 결과를 최소화하는 소프트웨어 능력.
- 시험성(Testability) : 변경된 소프트웨어가 확인될 수 있는 소프트웨어 제품의 능력

2010년 35번

현재 국내 소프트웨어 제품에 대한 GS(Good Software) 품질 인증의 기반이 되는 국제표준인 ISO/IEC 25051 (Requirements for quality of Commercial off-the-shelf software product and instructions for testing) 문서에 포함되어 있지 <u>않은 내용은?</u>

① COST 소프트웨어 제품의 제품설명서에 대한 요구사항
② COST 소프트웨어 제품의 테스팅에 대한 요구사항
③ COST 소프트웨어 제품의 적합성 평가를 위한 지시사항
④ COST 소프트웨어 제품의 품질 평가를 위한 절차 및 요구사항

해설 : ④번

- COTS라는 용어는 형용사로 사용되며 "상업용 패키지(Commercial Off-The-Shelf)"를 의미한다.
- 25051은 제품으로서의 소프트웨어(COTS: Commercial Off-The-Shelf) 품질 요구사항 및 테스트 요건을 정의한 것으로 구 표준의 12119에 대응된다.

관련지식

1) SQuaRE 프레임워크란?
- ISO/IEC 9126의 품질 모델을 기반으로 하여 소프트웨어 제품품질 요구사항 및 테스팅 절차를 규정한 ISO/IEC 12119(Software Packages-Quality Requirements and Testing)와 소프트웨어 제품을 객관적이고 공정하게 평가하기 위한 방법 및 절차를 규정한 ISO/IEC 14598(Software Product Evaluation) 표준이 관련 표준으로서 널리 사용. 2005년부터 이들 표준을 대체하고 보다 체계적인 소프트웨어 제품 품질 평가 표준 군(Series)을 한 틀(Framework)로서 작성하려는 시도가 SQuaRE 프레임워크 프로젝트

2) ISO/IEC 25000
- SQuaRE (Software Product Quality Requirements and Evaluation)은 소프트웨어 개발 공정 각 단계에서 산출되는 제품이 사용자 요구를 만족하는지 검증하기 위해 품질 측정과 평가를 위한 모델, 측정기법, 평가방안에 대한 통합한 국제표준이다.

3) SQuaRE 프레임워크
- SQuaRE는 5개의 Division으로 구성.
- Quality Management Division은 SQuaRE 표준의 가이드라인과 품질평가의 관리에 관한

표준을 제시하고 있으며 2500n으로 표준번호를 부여
- Quality Model Division은 제품 품질 평가의 일반모델을 제시하는 부문이며 2501n의 번호를 부여
- Quality Measurement Division은 품질 측정 메트릭에 관한 부문이며 2502n의 번호를 부여
- Quality Requirements Division은 품질 요구사항에 관한 부문이며 2503n의 번호를 부여
- Quality Evaluation Division은 품질평가 절차에 관한 부문이며 2504n의 번호를 부여

4) SQuaRE 프레임워크 표준 개발 현황
- Quality Management Division에는 SQuaRE 일반 가이드라인과 계획 및 관리 표준이 제정되었는데, 이것은 구 표준의 14598-2에 대응
- Quality Model Division에는 제품 품질 일반 모델이 있는데, 이것은 구 표준의 9126-1에 해당이 되며, 구 표준에는 없는 Data Quality Model이 제정. 이는 컴퓨터 시스템에 소프트웨어와 함께 구동되는 데이터에 대한 품질 평가의 필요성을 반영한 것
- Quality Measurement Division은 품질측정 메트릭을 정의하기 위한 표준으로서 5개의 표준 프로젝트가 진행 중이며 이것은 구 표준의 9126-2,3,4에 대응
- Quality Requirements Division은 품질 요구사항 설정 프로세스를 정의한 것으로서, 기존 표준 ISO/IEC 15288(System Life Cycle Processes)을 참조한 새로운 표준
- Quality Evaluation Division은 품질 평가 절차를 정의하고 있는데 구 표준의 14598 시리즈에 대응
- SQuaRE 5개 Division외에 Extension Division이 추가되었는데 여기에는 품질 평가 기본 모델 외에 추가적인 사항이 표준화 되고 있는데, 25051은 제품으로서의 소프트웨어(COTS: Commercial Off-The-Shelf) 품질 요구사항 및 테스트 요건을 정의한 것으로 구 표준의 12119에 대응되고, 25060와 25062는 품질특성 중 사용성(Usability)에 대한 품질 특성 구조 및 사용성 시험 보고서 구조를 규정

2010년 49번

ISO/IEC 9126-2 External metrics에 포함되어 있는 MTBF(Mean Time Between Failure) 측정은 ISO/IEC 9126-1 Quality model에서 정의한 소프트웨어 제품 신뢰성(Reliability) 의 어떤 부특성 품질을 측정하기 위해 사용되는가?

① 결함 허용성 (Fault Tolerance)
② 성숙성 (Maturity)
③ 회복성 (Recoverability)
④ 운영성 (operability)

해설 : ②번

- 신뢰성은 명세된 조건에서 사용될 때, 성능 수준을 유지할 수 있는 소프트웨어 제품의 능력
- 성숙성 : 해결하지 못하고 남아있는 장애 때문에 생기는 장애 빈도에 영향을 주는 속성
- 결함허용성 : 소프트웨어에 오류가 생기거나 정해진 상호작용 방식에 문제가 생겼을 때도 최소 정해놓은 수준으로 동작하는 능력에 영향을 미치는 속성
- 회복성 : 장애로 직접 영향을 받는 데이터를 복구하고 일정 수준 이상으로 다시 동작하는 능력과 이때 필요한 시간과 노력에 영향을 미치는 속성
- Mean Time Between Failure (결함 발생 평균시간) : 수리하면서 사용하는 부품 등이 고장을 발생시키는 평균적인 간격시간. 평균 얼마만한 시간마다 고장이 일어나고 있는가를 나타내는 신뢰성의 중요 지표로 성숙성을 측정

관련지식

1) 소프트웨어 제품 메트릭
- 어떤 내부 속성의 수준은 일부 외부 측정의 수준에 영향 미침. 따라서 대부분의 특성에는 외부적인 측면과 내부적인 측면의 양면성이 있음.
- 예를 들어, 신뢰성에 대해서는 그 소프트웨어를 시험하면서 주어진 실행시간 동안에 결함의 횟수를 관찰함으로써 외부적으로 측정할 수 있으며, 내부적으로는 고장허용 수준을 평가하기 위해 상세한 명세서와 원시 코드를 조사
- 외부 성질(적합성, 정확성, 결함 허용성이나 시간 반응성과 같은)은 나타나는 품질에 영향을 줄 수 있다. 사용상의 고장(예를 들어, 사용자가 작업을 마칠 수 없다)은 외부 품질(적합성 혹은 운영성) 및 고쳐야 할 연관된 내부 속성으로 추적

2) **내부 메트릭** (ISO/IEC 9126-3)

- 내부 메트릭은 설계나 코딩 도중에 실행할 수 없는 소프트웨어 제품(명세서나 원시 코드와 같은)에 적용
- 내부 메트릭의 주된 목적은 요구된 외부 품질이 성취되었는가를 확인하는 것
- 내부 메트릭은 사용자, 평가자, 시험자 및 개발자가 소프트웨어 제품 품질을 평가할 수 있도록 도와주며 그 소프트웨어 제품을 만들기 전에 미리 품질 문제점들을 지적
- 내부 메트릭은 중간 제품이나 인도된 소프트웨어 제품의 정적인 성질을 분석함으로써 내부 속성을 측정하거나 외부 속성을 보여 줌

3) **외부 메트릭** (ISO/IEC 9126-2)

- 외부 메트릭은 실행 가능한 소프트웨어나 시스템을 시험, 운영 또는 관찰해 봄으로써 그 소프트웨어가 한 부분을 이루고 있는 시스템 행태에 대한 측정에서 추출되는 소프트웨어 제품의 측정을 위해 사용

E05. 디자인패턴

시험출제 요약정리

1) 디자인패턴

- 설계패턴은 특정 문맥에서 일반적인 설계문제를 해결하도록 맞추어진, 상호 협력하는 객체들과 클래스 들에 대한 기술
- 설계패턴은 자주 발생하는 설계상의 문제를 해결하기 위한 반복적인 해법 [Smalltalk Companion]
- 설계패턴은 반복되는 구조를 설계할 때 설계를 재 활용하는데 초점을 두는데 비하여 프레임워크는 세부 설계와 구현에 초점을 두고 있다.[Coplien & Schmidt]

2) GOF의 디자인 패턴

디자인패턴 영역	목적		
	생성	구조	행위
클래스	Factory method:인스턴스화될 객체의 서브클래스	Adaptor: 객체 인터페이스	Interpreter:언어의 문법과 해석방법 Template Method:알고리즘 단계
객체	Abstract Factory: 제품객체군 Builder: 복합 객체 생성 Prototype: 인스턴스화될 객체 클래스 Singleton: 인스턴스가 하나일 때	Adaptor Bridge: 객체 구현 Composite:객체의 합성과 구조 Decorator:서브클래싱없이 객체의 책임성 Façade:서브시스템에 대한 인터페이스 Flyweight:객체 저장 비용 Proxy: 객체 접근방법	Chain of Responsibility:요청처리객체 Command:요청 처리 시점과 방법 Iterator:집합객체 요소 접근/순회방법 Mediator: 객체 상호 작용 Memento:객체정보 외부 저장 Observer: 종속객체 상태 변경 State: 객체 상태 Strategy:알고리즘 Visitor:클래스변경없이 객체에 적용할 수 있는 오퍼레이션

3) GOF의 디자인 패턴 상세 설명

- Abstract Factory : 구체적인 클래스를 미리 정하지 않고, 상호 관련 있는 객체들의 패밀리(family)를 생성하는 인터페이스를 제공한다.

- Adapter : 기존 클래스의 인터페이스를 사용자가 원하는 다른 인터페이스로 변환함으로써, 서로 다른 인터페이스 때문에 상호연동을 못하는 클래스들을 연동될 수 있도록 해준다.
- Bridge : 시스템의 클래스들을 구현부분과 추상부분으로 분리하여 설계함으로써 두 부분이 상호 독립적으로 바뀔 수 있도록 한다.
- Builder : 복잡한 객체를 생성하는 부분과 객체 표현부분을 분리함으로써, 서로 다른 객체 표현부분들을 생성하더라도 동일한 객체 생성부분을 이용할 수 있게 한다.
- Chain of Responsibility : 서비스 제공자들을 체인형태로 달아둠으로써, 서비스 요청자와 서비스 제공자의 결합도(coupling)를 약화시키고, 복수개의 서비스 제공자를 들 수 있다.
- Command : 소프트웨어 내에서 발생할 수 있는 명령을 객체화시킴으로써, 명령을 기록하거나 명령을 수행하기 전 상태로 소프트웨어 상태를 복구할때 이용할 수 있다.
- Composite : 부분-전체 구조(Part-Whole Hierarchy)를 표현하기 위하여 객체들을 트리구조로 구성한다. 이를 통하여 사용자가 개별적 객체나 복합적 객체를 동일하게 다룰 수 있다.
- Decorator : 한 객체에 대해서 동적으로 책임사항들(Responsibilities)을 덧붙일 수 있다. 이를 통하여 기능확장을 위한 서브클래싱(Subclassing)과 같은 효과를 거둘 수 있다.
- Façade : 서브시스템 안의 여러 인터페이스들에 대하여 통합된 인터페이스를 제공한다. 제공되는 인터페이스를 통하여 서브시스템의 기능을 쉽게 사용할 수 있다.
- Factory Method : 생성되는 객체에 대한 결정을 서브클래스가 할 수 있도록 객체 생성 인터페이스를 제공한다.
- Flyweight : 수많은 작은 객체들에 대해서 효율적인 공유기능을 제공한다.
- Interpreter : 언어에 따라서 문법에 대한 표현을 정의한다. 또 언어의 문장을 해석하기 위해 정의한 표현에 기반하여 분석기를 정의한다
- Iterator : 자료구조의 내부적 표현과 상관없이, 저장되어 있는 자료요소들을 순차적으로 접근할 수 있는 방법을 제공한다.
- Mediator :객체들의 상호 작용을 캡슐화하는 객체를 정의한다. 이를 통하여 객체들 간의 커플링을 줄일 수 있으며, 각 상호 작용을 독립적으로 변경할 수 있다.
- Memento :객체지향의 캡슐화 원칙을 어기지 않으면서, 객체의 내부 상태정보들을 찾아내어 외부 객체화한다. 객체화된 상태정보는, 원 객체의 상태복구에 이용될수 있다.
- Observer :한 객체의 상태에 변화가 일어나면, 해당 객체의 상태에 관심 있는 모든 다른 객체들에게 자동으로 변화가 발생한 사실을 알려준다. 즉 객체들간의 일-대-다(one-to-many) 관계를 표현한다.
- Prototype : 원형(prototypical) 객체를 복사하는 방식으로 객체를 생성한다. 이를 통하여 생성하는 객체의 종류를 동적으로 지정할 수 있다.
- Proxy : 특정 객체에 대한 접근을 관리하기 위하여 해당 객체의 대리자(surrogate)를 만

든다.

- Singleton : 특정 클래스의 객체가 단 하나만 생성되도록 보장하며, 그 객체에 대한 전역 접근이 가능하도록 해준다.
- State : 객체의 상태정보가 변함에 따라, 마치 객체의 클래스가 변하는 것처럼, 객체의 행동도 바뀌도록 해준다.
- Strategy : 알고리즘을 객체화하여 여러 알고리즘을 동적으로 교체가능 하도록 만든다. 알고리즘을 이용하는 클라이언트 코드와는 상관없이 알고리즘을 다양하게 바꿀 수 있다.
- Template Method : 연산에 있어서 전체 알고리즘의 윤곽만 기술한 다음, 알고리즘의 특정 부분의 구현을 서브클래스로 맡긴다. 이를 통하여 전체 알고리즘의 구조를 변화시키지 않으면서 서브클래스가 알고리즘의 특정부분을 쉽게 변경시킬 수 있다.
- Visitor : 자료구조 내에 있는 객체 요소들에게 특정 연산을 수행하고자 원할 때 이용한다. Visitor는 연산 수행의 대상이 되는 객체들의 클래스를 바꾸지 않고도 새로운 연산을 추가할 수 있도록 도와준다.

4) MVC 패턴

- Smalltalk Language에서 나왔으며 세 부분으로 분리
  - model : 비즈니스 프로세스 모델링, 데이터에 대한 처리
  - view : 모델이 가지고 있는 정보를 가공해 사용자에게 보여줌, 사용자 인터페이스, UI
  - controller : 모델을 뷰로 전달하며 모델과 뷰 사이의 통신을 조절함, 이벤트에 따른 컨트롤러 모듈 호출
- MVC는 view와 model을 분리하고 이들 간의 "subscribe/ notify" 프로토콜을 이용하여 동작.

기출문제 풀이

2005년 35번

다음 그림과 같은 설계에서 새로운 오퍼레이션을 추가하려면 모든 클래스에 코드를 추가하고 컴파일을 다시 하여야 한다. 이러한 경우에 새로운 오퍼레이션을 쉽게 추가할 수 있도록 설계를 변경한다면, 어떠한 설계 패턴을 활용해야 하는가?

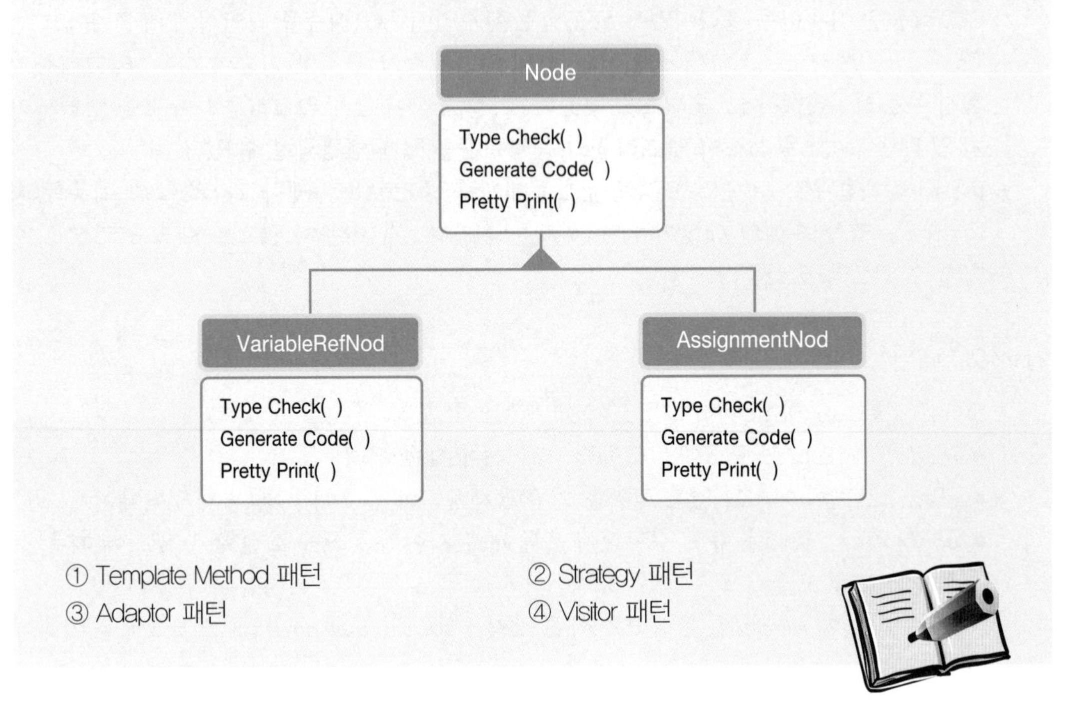

① Template Method 패턴 ② Strategy 패턴
③ Adaptor 패턴 ④ Visitor 패턴

해설 : ④번

새로운 오퍼레이션을 쉽게 추가할 수 있도록 설계하는 패턴은 Visitor 패턴이고, Template Method 패턴은 구체적인 처리를 하위 클래스에게 위임하고자 할 때 사용한다. Strategy 패턴은 많은 행위 중 한가지로 상황에 따라 클래스를 설정하는데 유용하고, Adaptor 패턴은 호환성 없는 클래스들을 함께 작동하도록 하는데 사용된다. Visitor 패턴은 다형적 성격의 작업 내용이 있을 때 유용하다.

관련지식

1) 디자인패턴

– 설계패턴은 특정 문맥에서 일반적인 설계문제를 해결하도록 맞추어진, 상호 협력하는 객체

들과 클래스 들에 대한 기술
- 설계패턴은 자주 발생하는 설계상의 문제를 해결하기 위한 반복적인 해법 [Smalltalk Companion]
- 설계패턴은 반복되는 구조를 설계할 때 설계를 재 활용하는데 초점을 두는데 비하여 프레임워크는 세부 설계와 구현에 초점을 두고 있다.[Coplien & Schmidt]

2) GOF의 디자인 패턴

- 23개의 패턴을 Creational, Structural, Behavior의 3가지 종류로 구분하여 정리함

디자인패턴 영역	목적		
	생성	구조	행위
클래스	Factory method: 인스턴스화 될 객체의 서브클래스	Adaptor: 객체 인터페이스	Interpreter:언어의 문법과 해석방법 Template Method:알고리즘 단계
객체	Abstract Factory: 제품객체군 Builder: 복합 객체 생성 Prototype: 인스턴스화될 객체 클래스 Singleton: 인스턴스가 하나일 때	Adaptor Bridge: 객체 구현 Composite:객체의 합성과 구조 Decorator:서브클래싱없이 객체의 책임성 Façade:서브시스템에 대한 인터페이스 Flyweight:객체 저장 비용 Proxy: 객체 접근방법	Chain of Responsibility:요청처리객체 Command:요청 처리 시점과 방법 Iterator:집합객체 요소 접근/순회방법 Mediator: 객체 상호 작용 Memento:객체정보 외부 저장 Observer: 종속객체 상태 변경 State: 객체 상태 Strategy:알고리즘 Visitor:클래스변경없이 객체에 적용할 수 있는 오퍼레이션

2006년 40번

디자인 패턴에서 사용되는 MVC(Model-View-Controller) 모델에서 Model부분의 기능은?

① 사용자 인터페이스를 담당
② 이벤트에 따른 컨트롤러 모듈 호출
③ 사용자 입력 처리
④ 데이터에 대한 처리

해설 : ④번

MVC에서 비즈니스와 데이터에 대한 처리

관련지식

1) 디자인패턴의 정의
- 프로그래머들이 유용하다가 생각되는 객체들간의 일반적인 상호작용 방법들을 모은 목록
- 어떤 분야에서 계속 반복해서 나타나는 문제들을 해결해 온 전문가들의 경험을 모아서 정리한 것
- 여러 번 반복하여 사용할 수 있는 문제에 대한 솔루션을 기술한 것(Gamma)

2) MVC 패턴
- Smalltalk Language에서 나왔으며 세 부분으로 분리
  - model : 비즈니스 프로세스 모델링, 데이터에 대한 처리
  - view : 모델이 가지고 있는 정보를 가공해 사용자에게 보여줌, 사용자 인터페이스, UI
  - controller : 모델을 뷰로 전달하며 모델과 뷰 사이의 통신을 조절함, 이벤트에 따른 컨트롤러 모듈 호출
- MVC는 view와 model을 분리하고 이들 간의 “subscribe/ notify” 프로토콜을 이용하여 동작

2007년 29번

적당한 디자인 패턴은?

디자인 패턴을 이용하여 데이터를 하나 이상의 폼으로 동시에 보여줄 수 있고 그 데이터에서 어떤 변화라도 반영하고자 한다. 주식가격의 변화를 여러 가지 그래프, 테이블, 혹은 리스트로 표현할 경우, 시시각각 변하는 주식 가격을 어떤 조작 없이 동시에 변화를 여러 가지 방법으로 표현을 할 수 있다.

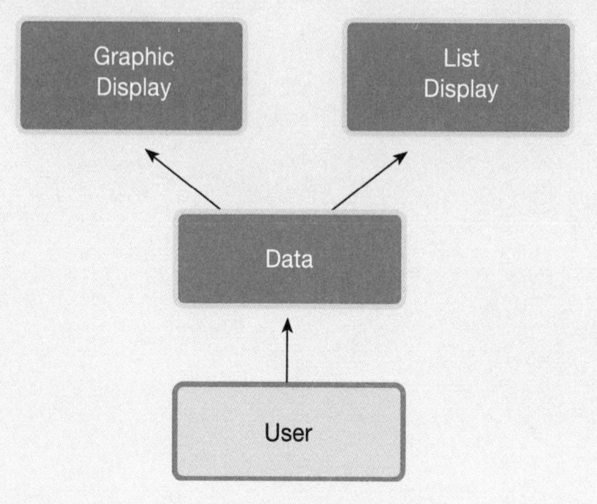

① Mediator Pattern
② Memento Pattern
③ Observer Pattern
④ Interpreter Pattern

● **해설 : ③번**

객체들간의 일-대-다(one-to-many) 관계를 표현하는 패턴은 observer pattern 임.

● **관련지식**

1) **디자인패턴**

- 설계패턴은 특정 환경에서 일반적인 설계문제를 해결하도록 맞추어진, 상호 협력하는 객체들과 클래스 들에 대한 기술
- 설계패턴은 자주 발생하는 설계상의 문제를 해결하기 위한 반복적인 해법 [Smalltalk Companion]
- 설계패턴은 반복되는 구조를 설계할 때 설계를 재 활용하는데 초점을 두는데 비하여
- 프레임워크는 세부 설계와 구현에 초점을 두고 있다.[Coplien & Schmidt]
- 패턴은 산출물을 수반한다.

2) 디자인 패턴 상세 설명

- Mediator Pattern : 객체들의 상호 작용을 캡슐화하는 객체를 정의한다. 이를 통하여 객체들 간의 커플링을 줄일 수 있으며, 각 상호 작용을 독립적으로 변경할 수 있다.
- Memento pattern : 객체지향의 캡슐화 원칙을 어기지 않으면서, 객체의 내부 상태정보들을 찾아내어 외부 객체화한다. 객체화된 상태정보는, 원 객체의 상태복구에 이용 될 수 있다.
- Observer pattern : 한 객체의 상태에 변화가 일어나면, 해당 객체의 상태에 관심 있는 모든 다른 객체들에게 자동으로 변화가 발생한 사실을 알려준다. 즉 객체들간의 일-대-다(one-to-many) 관계를 표현한다.
- Interpreter pattern : 특정언어에 관한 문법 표현을 정의한다. 정의된 표현은 해당 언어의 문장을 해석하는데 이용된다.

2007년 46번

다음 중 팩토리 패턴(Factory Pattern) 을 적용하는 이유로 적절한 것은?

① 구체적인 클래스들을 명시하지 않고, 관련되거나 의존적인 객체를 생성하는 오직 하나의 인터페이스를 제공한다.
② 서로 다른 표현 방법을 가진 복잡한 객체를 생성하는데 같은 생성 과정을 쓸 수 있도록 생성방법과 표현방법을 분리해 준다.
③ 하나의 클래스가 오직 하나의 실체를 갖도록 하고 전역에서 그것을 접근할 수 있게 한다.
④ 하나의 클래스의 인터페이스를 다른 클래스가 원하는 형태로 바꿔준다.

해설 : ②번

- 구체적 클래스를 정의하지 않고도 서로 관련성이 있거나 독립적인 여러 객체의 군을 생성하기 위한 인터페이스 제공하는 Abstract Factory 패턴
- 복합 객체의 생성 과정과 표현 방법을 분리함으로써 동일한 생성 공정이 서로 다른 표현을 만들 수 있게 하는 패턴은 Builder 패턴
- 인스턴스가 하나밖에 존재하지 않음을 보장하고 그 인스턴스에 접근할 수 있는 방법을 제공하는 Singleton 패턴
- 하나의 클래스의 인터페이스를 다른 클래스가 원하는 형태로 바꿔주는 Adapter 패턴

관련지식

1) 패턴의 의미
- 설계패턴은 자주 발생하는 설계상의 문제를 해결하기 위한 반복적인 해법 [Smalltalk Companion]
- 설계패턴은 반복되는 구조를 설계할 때 설계를 재 활용하는데 초점을 두는데 비하여 프레임워크는 세부 설계와 구현에 초점을 둠[Coplien & Schmidt]

2) 팩토리 패턴의 의미
- 객체를 생성하기 위한 인터페이스를 생성하고 어떤 클래스의 인스턴스를 만들지는 서브 클래스에서 결정함.
- 서로 관련성이 있거나 책임이 같은 클래스들을 생성해 주는 클래스를 객체 생성 과정 중간에 두어 복잡도를 줄이는 방법 제공

3) **팩토리 패턴의 핵심 내용**

- 팩토리 메소드를 이용하면 인스턴스를 만드는 일을 서브 클래스에 할당 할 수 있음.
- 팩토리 패턴을 사용하면 객체 생성을 캡슐화할 수 있음
- 팩토리는 엄밀하게 말해서 디자인 패턴은 아니지만, 클라이언트와 구성 클래스를 분리시키기 위한 간단한 기법으로 활용.
- 팩토리 메소드 패턴에서는 상속을 활용하고, 객체 생성이 서브클래스에게 위임되고 서브클래스에서는 팩토리 메소드를 구현하여 객체를 생산함.
- 추상 팩토리 패턴에서는 객체 구성을 활용. 객체 생성이 팩토리 인터페이스에서 선언한 메소드들에서 구현됨.
- 모든 팩토리 패턴에서는 애플리케이션의 구상 클래스에 대한 의존성을 줄여줌으로써 느슨한 결합을 만듬
- 팩토리는 구상 클래스가 아닌 추상 클래스/인터페이스에 맞춰서 코딩 할 수 있게 해 주는 강력한 기법

4) Abstract Factory **패턴과** Builder **패턴의 유사점과 차이점**

- 복잡한 객체를 생성해야 하는 경우에 비슷하게 사용됨
- 차이점은 Builder 패턴은 복잡한 객체의 단계별 생성에 중점을 두고 있는 패턴이고 Abstract Factory 패턴은 제품의 유사군들이 존재하는 경우 유연한 설계에 중점을 둔다. 또한, Builder 패턴은 생성의 마지막 단계에서 생성한 제품을 반환하고, Abstract Factory 패턴은 만드는 즉시 제품을 반환한다. Abstract Factory 패턴이 만드는 제품은 꼭 모여야만 의미 있는 것이 아니라 하나만으로도 의미가 있다.

2008년 48번

중재자(Mediator) 패턴, MVC(Model/View/Controller) 아키텍처, UML 시퀀스 다이어그램 (Sequence Diagram) 간의 관계에 대한 설명 중 틀린 것은?

① 중재자 객체는 MVC 아키텍처의 Controller에 해당한다.
② 중재자 객체는 시퀀스 다이어그램 상에서 참여하는 객체들간의 메시지교류를 통제/지휘 한다.
③ MVC 아키텍처의 View 객체들은 시퀀스 다이어그램에 나타나지 않고, Controller와 Model 객체들만 시퀀스 다이어그램의 참여 객체들로 나타난다.
④ 중재자 패턴과 MVC 아키텍처에서 추구하는 기본 개념은 Control 객체들과 Entity 객체들의 역할을 구별하는 것이다.

해설 : ③번

- View 객체들도 시퀀스 다이어그램에 표현됨
- UML 시퀀스다이어그램 : 객체들 사이의 주고받는 메시지를 시간의 흐름에 따라 보여줌

관련지식

1) 디자인 패턴
- 설계패턴은 특정 환경에서 일반적인 설계문제를 해결하도록 맞추어진, 상호 협력하는 객체들과 클래스 들에 대한 기술
- 설계패턴은 자주 발생하는 설계상의 문제를 해결하기 위한 반복적인 해법 [Smalltalk Companion]
- 설계패턴은 반복되는 구조를 설계할 때 설계를 재 활용하는데 초점을 두는데 비하여
- 프레임워크는 세부 설계와 구현에 초점을 두고 있다.[Coplien & Schmidt]
- 패턴은 산출물을 수반한다.

2) GOF의 Pattern] - 2005년 35번 해설 자료 참조
- 23개의 패턴을 Creational, Structural, Behavior의 3가지 종류로 구분하여 정리함
- 중재자 패턴(행위 패턴) : 객체들 간의 상호작용을 객체로 캡슐화한다. Mediator 패턴은 객체들 간의 참조 관계를 객체에서 분리함으로써 상호작용만을 독립적으로 다양하게 확대할 수 있다.

		Creational Pattern (생성패턴)	Structural Pattern (구조패턴)	Behavioral Pattern (행위패턴)
의미		객체의 생성방식을 결정하는 패턴	Object를 조직화하는 데 유용한 패턴	Object의 행위를 Organize, Manage, Combine하는 데 사용되는 패턴
범위	클래스	Factory Method	Adapter(Class)	Interpreter, Template Method
	객체	Abstract Factory, Builder, Prototype, Singleton	Adapter(Object), Bridge, Composite, Decorator, Façade, Flyweight, Proxy	Command, Iterator, Mediator, Memento, Observer, State, Strategy, Visitor

3) MVC(Model-View-Controller) 모델

- Smalltalk에서 User Interface를 만들기 위한 패턴
- 3 가지 종류의 객체로 구성

  가. Model (data) : 화면에 출력될 자료 관리

  나. View : 화면 출력 담당

  다. Controller : 사용자와 view간의 상호작용을 담당
- MVC는 view와 model을 분리하고 이들 간의 "subscribe/ notify" 프로토콜을 이용하여 동작

2008년 49번

GoF 디자인 패턴은 객체생성, 구조개선, 행위개선 유형으로 분류된다. 분류 유형과 디자인 패턴이 잘못 연결된 것은?

① 객체 생성 – Singleton 패턴 ② 구조 개선 – Adapter 패턴
③ 행위 개선 – Proxy 패턴 ④ 행위 개선 – State 패턴

해설 : ③번

- 23개의 패턴을 Creational, Structural, Behavior의 3가지 종류로 구분하여 정리함
- Proxy 패턴은 구조패턴의 유형

관련지식

1) GOF의 디자인 패턴 (2005년 35번 참조)

		Creational Pattern (생성패턴)	Structural Pattern (구조패턴)	Behavioral Pattern (행위패턴)
의미		객체의 생성방식을 결정하는 패턴	Object를 조직화하는 데 유용한 패턴	Object의 행위를 Organize, Manage, Combine하는 데 사용되는 패턴
범위	클래스	Factory Method	Adapter(Class)	Interpreter, Template Method
	객체	Abstract Factory, Builder, Prototype, Singleton	Adapter(Object), Bridge, Composite, Decorator, Façade, Flyweight, Proxy	Command, Iterator, Mediator, Memento, Observer, State, Strategy, Visitor

2) GOF의 디자인 패턴 상세 설명

- Abstract Factory : 구체적인 클래스를 미리 정하지 않고, 상호 관련 있는 객체들의 패밀리(family)를 생성하는 인터페이스를 제공한다.
- Adapter : 기존 클래스의 인터페이스를 사용자가 원하는 다른 인터페이스로 변환함으로써, 서로 다른 인터페이스 때문에 상호연동을 못하는 클래스들을 연동될 수 있도록 해준다.
- Bridge :시스템의 클래스들을 구현부분과 추상부분으로 분리하여 설계함으로써 두 부분이 상호 독립적으로 바뀔 수 있도록 한다.
- Builder : 복잡한 객체를 생성하는 부분과 객체 표현부분을 분리함으로써, 서로 다른 객체 표현부분들을 생성하더라도 동일한 객체 생성부분을 이용할 수 있게 한다.
- Chain of Responsibility : 서비스 제공자들을 체인형태로 달아둠으로써, 서비스 요청자와

서비스 제공자의 결합도(coupling)를 약화시키고, 복수개의 서비스 제공자를 들 수 있다.

- Command : 소프트웨어 내에서 발생할 수 있는 명령을 객체화시킴으로써, 명령을 기록하거나 명령을 수행하기 전 상태로 소프트웨어 상태를 복구할 때 이용할 수 있다.
- Composite : 부분-전체 구조(Part-Whole Hierarchy)를 표현하기 위하여 객체들을 트리 구조로 구성한다. 이를 통하여 사용자가 개별적 객체나 복합적 객체를 동일하게 다룰 수 있다.
- Decorator : 한 객체에 대해서 동적으로 책임사항들(Responsibilities)을 덧붙일 수 있다. 이를 통하여 기능확장을 위한 서브클래싱(Subclassing)과 같은 효과를 거둘 수 있다.
- Façade : 서브시스템 안의 여러 인터페이스들에 대하여 통합된 인터페이스를 제공한다. 제공되는 인터페이스를 통하여 서브시스템의 기능을 쉽게 사용할 수 있다.
- Factory Method : 생성되는 객체에 대한 결정을 서브클래스가 할 수 있도록 객체 생성인터페이스를 제공한다.
- Flyweight : 수많은 작은 객체들에 대해서 효율적인 공유기능을 제공한다.
- Interpreter : 특정언어에 관한 문법
- Iterator : 자료구조의 내부적 표현과 상관없이, 저장되어 있는 자료요소들을 순차적으로 접근할 수 있는 방법을 제공한다.
- Mediator : 객체들의 상호 작용을 캡슐화하는 객체를 정의한다. 이를 통하여 객체들 간의 커플링을 줄일 수 있으며, 각 상호 작용을 독립적으로 변경할 수 있다.
- Memento : 객체지향의 캡슐화 원칙을 어기지 않으면서, 객체의 내부 상태정보들을 찾아내어 외부 객체화한다. 객체화된 상태정보는, 원 객체의 상태복구에 이용될 수 있다.
- Observer : 한 객체의 상태에 변화가 일어나면, 해당 객체의 상태에 관심 있는 모든 다른 객체들에게 자동으로 변화가 발생한 사실을 알려준다. 즉 객체들간의 일-대-다(one-to-many) 관계를 표현한다.
- Prototype : 원형(prototypical) 객체를 복사하는 방식으로 객체를 생성한다. 이를 통하여 생성하는 객체의 종류를 동적으로 지정할 수 있다.
- Proxy : 특정 객체에 대한 접근을 관리하기 위하여 해당 객체의 대리자(surrogate)를 만든다.
- Singleton : 특정 클래스의 객체가 단 하나만 생성되도록 보장하며, 그 객체에 대한 전역 접근이 가능하도록 해준다.
- State : 객체의 상태정보가 변함에 따라, 마치 객체의 클래스가 변하는 것처럼, 객체의 행동도 바뀌도록 해준다.
- Strategy : 알고리즘을 객체화하여 여러 알고리즘을 동적으로 교체가능 하도록 만든다. 알고리즘을 이용하는 클라이언트 코드와는 상관없이 알고리즘을 다양하게 바꿀 수 있다.
- Template Method : 연산에 있어서 전체 알고리즘의 윤곽만 기술한 다음, 알고리즘의 특정부분의 구현을 서브클래스로 맡긴다. 이를 통하여 전체 알고리즘의 구조를 변화시키지 않으면서 서브클래스가 알고리즘의 특정부분을 쉽게 변경시킬 수 있다.
- Visitor : 자료구조 내에 있는 객체 요소들에게 특정 연산을 수행하고자 원할 때 이용한다. Visitor는 연산 수행의 대상이 되는 객체들의 클래스를 바꾸지 않고도 새로운 연산을 추가할 수 있도록 도와준다.

2009년 34번

다음은 "음료수 자판기"에 대한 요구사항 명세서 중 일부이다. 이와 같은 자판기를 구현할 때 사용 가능한 설계 패턴이 아닌 것은?

자판기에 동전을 투입한 후 원하는 음료수 버튼을 누르면 해당 음료수가 출구로 나온다. 이때 판매할 수 있는 음료수가 있으면 처음과 같이 동전이 없는 상태가 되어 동정이 투입되기를 기다린다. 그러나 판매할 수 있는 음료수가 더 이상 없으면 매진 표시등이 켜지며 더 이상 동전 투입이 허용되지 않고 현재 상태를 알 수 있도록 본사 시스템에 보고되어야 한다. 동전 투입 후 반환 버튼을 누르면 동전이 반환된다. 관리자는 자판기 문을 연후, 자판기 상태 및 재고를 활인하고 출력할 수 있어야 한다. 또한 본사에서 원격으로 자판기 상태 및 재고를 모니터링 할 수 있어야 한다.

① 상태 패턴 (state pattern)
② 프록시 패턴 (proxy pattern)
③ 옵저버 패턴 (observer pattern)
④ 스트래티지 패턴 (strategy pattern)

해설 : ④번

- 23개의 패턴을 Creational, Structural, Behavior의 3가지 종류로 구분하여 정리함
- State 패턴은 객체의 상태 정보가 변함에 따라, 마치 객체의 클래스가 변하는 것처럼, 객체의 행동도 바뀌도록 해준다. Proxy 패턴은 특정 객체에 대한 접근을 관리하기 위하여 해당 객체의 대리자(surrogate)를 만든다. Observer 패턴은 한 객체의 상태에 변화가 일어나면, 해당 객체의 상태에 관심 있는 모든 다른 객체들에게 자동으로 변화가 발생한 사실을 알려준다. 즉 객체들간의 일-대-다(one-to-many) 관계를 표현한다. Strategy 패턴은 알고리즘을 객체화하여 여러 알고리즘을 동적으로 교체가능 하도록 만든다.

관련지식

1) 설계 패턴
- 자주 발생하는 설계상의 문제를 해결하기 위한 반복적인 해법 [Smalltalk Companion]
- 설계패턴은 반복되는 구조를 설계할 때 설계를 재 활용하는데 초점을 두는데 비하여 프레임워크는 세부 설계와 구현에 초점을 두고 있다. [Coplien & Schmidt]

2) Design Pattern Catalog
- 상태에 관련된 패턴 : Memento, Observer, State

- 낭비 없이 효율적으로 처리하는 패턴 : Flyweight, Proxy
- 뒤섞이기 쉬운 프로그램을 분리해서 생각하는 패턴 : Bridge, Strategy

2-1) 특정 클래스로부터 객체를 생성
- 객체를 생성할 때 클래스 이름을 명시하면 특정 구현에 종속됨.
- 종속은 변화를 수용하지 못하게 함.
- 종속을 피하려면 객체를 직접 생성해서는 안됨.
- Abstract Factory , Factory Method , Prototype

2-2) 특정 오퍼레이션으로의 종속적
- 특정 오퍼레이션을 사용하면, 요청을 만족하는 한가지 방법에만 종속됨.
- 요청의 처리 방법을 직접 코딩 하지 않도록 해야 함.
- Chain of Responsibility, Command

2-3) 하드웨어와 소프트웨어 플랫폼에 종속적
- 특정 플랫폼에 종속된 소프트웨어는 다른 플랫폼에 이식하기가 어려움.
- 플랫폼 종속성을 제거하는 것은 시스템 설계에 있어 매우 중요함.
- Abstract Factory, Bridge

2-4) 객체표현이나 구현의 종속성
- 클라이언트가 객체의 표현 방법, 저장방법, 구현방법, 존재의 위치에 대한 모든 방법을 알고 있으면 객체를 변경할 때 클라이언트도 변경해줘야 함.
- 객체의 정보를 클라이언트에게 감춤으로써 변화의 파급을 막음.
- Abstract Factory , Bridge, Memento, Proxy

2-5) 높은 결합도
- 높은 결합도를 갖는 클래스들은 독립적으로 재사용하기 어려움.
- 낮은 결합도는 클래스 자체의 재사용을 가능하게 하고 시스템의 이해와 수정, 확장이 용이해서 이식성을 증대시킴.
- 추상 클래스 수준에서 결합도를 정의한다거나 계층화를 시키는 방법으로 디자인 패턴은 낮은 결합도의 시스템을 만들 수 있음.
- Abstract Factory, Bridge, Chain of Responsibility, Command, Façade, Mediator, Observer

2-6) 알고리즘의 종속성
- 알고리즘에 종속된 객체라면 알고리즘이 변할 때마다 객체도 변경해야 한다.
- 변경이 가능한 알고리즘은 분리해 내는 것이 좋음.
- Builder, Iterator, Strategy, Template Method, Visitor

2-7) **서브클래스를 통한 기능성의 확장**

- 서브 클래싱에 의해 객체를 재정의하는 것은 쉬운 일이 아님.
- 서브클래스를 정의하려면 최상의 클래스로부터 자신의 직속 부모 클래스까지 모든 것을 이해하고 있어야 함.
- 단순히 확장만을 이유로 새로운 서브클래스를 만든다면 서브 클래싱된 클래스 수는 엄청나게 증가하게 됨.
- 일반적으로 객체 합성과 위임은 상속보다 훨씬 유연한 방법임.
- 객체 합성을 많이 하면 시스템 자체를 이해하기가 어려워짐.
- Bridge, Chain of Responsibility, Decorator, Observer, Strategy

2-8) **클래스 변경이 어려울 경우**

- 소스코드가 필요한데 클래스 정의파일만 있거나, 변경을 하려면 기존 클래스들의 다수를 수정해야 할 때가 있음.
- 디자인 패턴은 클래스를 변경하는 것이 어려울 때 클래스를 수정하는 방법을 제시해 줌.
- Adapter, Decorator, Visitor

2009년 42번

다음 그림과 같이 추상화에 따른 분류와 구현에 따른 분류가 동시에 존재할 경우 추상화 분류와 구현 분류를 분리하여 새로운 구현 클래스를 추가하는 것을 용이하게 하고 클라이언트 코드가 구현 클래스에 영향을 받지 않도록 하는 설계 패턴은?

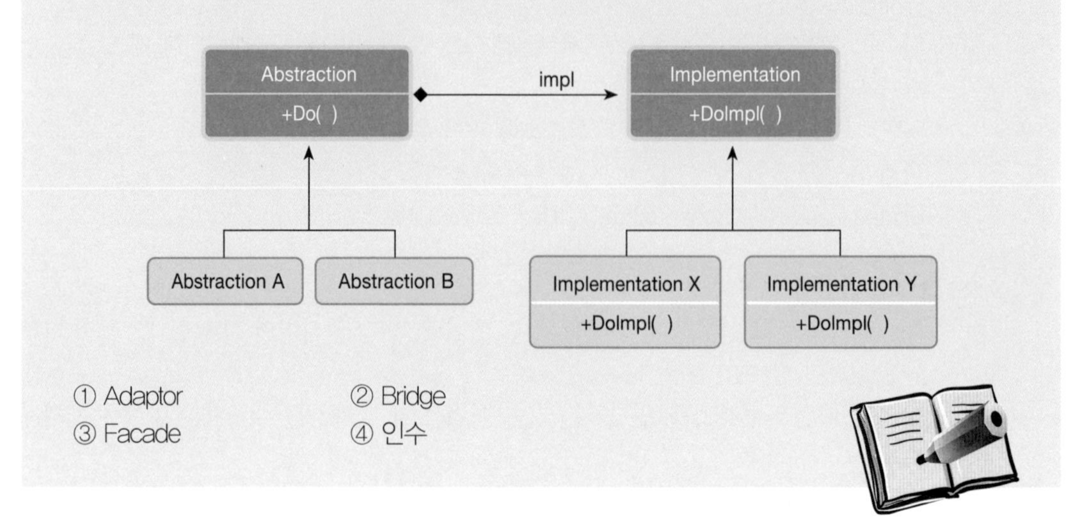

① Adaptor ② Bridge
③ Facade ④ 인수

● 해설 : ②번

Bridge패턴은 추상화와 구현을 분리하여 각각을 독립적으로 변형할 수 있게 한다. 구현과 추상화 개념을 분리하려는 것이다. 이로써 구현 자체도 하나의 추상화 개념으로 다양한 변형이 가능해지고, 구현과 독립적으로 인터페이스도 다양함을 가질 수 있게 된다.

● 관련지식

1) 설계 패턴
- 자주 발생하는 설계상의 문제를 해결하기 위한 반복적인 해법 [Smalltalk Companion]
- 설계패턴은 반복되는 구조를 설계할 때 설계를 재 활용하는데 초점을 두는데 비하여 프레임워크는 세부 설계와 구현에 초점을 두고 있다. [Coplien & Schmidt]

2) Design Pattern Catalog
- 상태에 관련된 패턴 : Memento, Observer, State
- 낭비 없이 효율적으로 처리하는 패턴 : Flyweight, Proxy
- 뒤섞이기 쉬운 프로그램을 분리해서 생각하는 패턴 : Bridge, Strategy

3) **패턴 설명**

- Adaptor : 클래스의 인터페이스를 클라이언트가 기대하는 다른 인터페이스로 변환한다. Adapter 패턴은 호환성이 없는 인터페이스 때문에 함께 사용할 수 없는 클래스를 개조하여 함께 작동하도록 해 준다.
- Façade : 서브시스템에 있는 인터페이스 집합에 대해서 하나의 통합된 인터페이스를 제공한다. Façade 패턴은 서브시스템을 좀 더 사용하기 편하게 하기 위해서 높은 수준의 인터페이스를 정의한다.
- Proxy : 특정 객체에 대한 접근을 관리하기 위하여 해당 객체의 대리자(surrogate)를 만든다.

2010년 33번

스마트 폰 사용자는 여러 개의 앱(App)을 동시에 사용하는 경우가 많다. 스마트폰을 오랜 시간 동안 사용하기 위하여 스마트폰 플랫폼은 배터리의 남은 용량이 50%, 30%, 10%가 되면 현재 수행 중인 모든 앱에 이 상황을 알려주려고 한다. 이때 스마트폰 플랫폼이 불특정한 많은 수의 앱에게 배터리의 상태를 알려줄 때 적용하기에 가장 적절한 설계 패턴은 무엇인가?

① Template Method ② Abstract Factory
③ State ④ Observer

해설 : ④번

Observer 패턴은 행위 패턴으로 종속객체 상태 변경시 사용

관련지식

1) Template Method

- 오퍼레이션에는 알고리즘의 처리 과정만을 정의하고 각 단계에서 수행할 구체적 처리는 서브클래스에 정의한다. Template Method 패턴은 알고리즘의 처리 과정은 변경하지 않고 알고리즘 각 단계의 처리를 서브클래스에서 재정의
- 활용
  - 알고리즘의 변하지 않는 부분을 한 번 정의하고 다양해질 수 있는 부분을 서블클래스에서 정의할 수 있도록 구현하고자 할 때
  - 서브클래스 사이의 공통적인 행위를 추출해 하나의 공통클래스로 정의할 때, 이는 일반화를 위한 refactoring의 예라 볼 수 있다. 차이를 보이는 부분을 템플릿 메소드로 정의하고, 나중에 상속받은 서브클래스가 정의하는 오퍼레이션을 호출하게 한다
  - 서브클래스의 확장을 제어할 수 있다. 이는 템플릿 메소드가 어떤 특정한 시점에 hook 오퍼레이션을 호출하도록 정의하면, 실제로 이 훅 오퍼레이션이 호출되는 순간 새로운 확장이 이루어진다.

2) Abstract Factory

- 구체적인 클래스를 지정하지 않고 관련성을 갖는 객체들의 집합을 생성하거나 서로 독립적인 객체들의 집합을 생성할 수 있는 인터페이스를 제공한다.
- 활용
  - 생성되고 구성되고 표현되는 방식과 무관하게 시스템을 독립적으로 만들고자 할 때 - look and feel

■ 하나 이상의 제품군들 중 하나를 선택해서 시스템을 설정해야 하고 한번 구성한 제품을 다른 것으로 대체 가능할 때
■ 관련된 객체군을 함께 사용해서 시스템을 설계하고, 이 제품이 갖는 제약사항을 따라야 할 때
■ 제품에 대한 클래스 라이브러리를 제공하고, 그들의 구현이 아닌 인터페이스를 표현하고 싶을 때

3) State

– 객체의 내부 상태에 따라 행위를 변경할 수 있게 한다. 이렇게 하면 객체는 마치 클래스를 바꾸는 것처럼 보인다.
– 활용
  ■ 객체의 상태에 따라 런타임시에 행위가 바뀌어야 할 때
  ■ 객체의 상태에 따라 수많은 조건 문장을 갖도록 오퍼레이션을 구현할 수 있는데, 어떤 경우는 동일한 조건 문장을 하나 이사으이 오퍼레이션에 중복 정의해야 할 수도 있다. 이때 객체의 상태를 별도의 객체로 정의함으로써 행위는 다른 객체와 상관없이 다양화 될 수 있다.

4) Observer

– 객체 사이에 일 대 다의 종속성을 정의하고 한 객체의 상태가 변하면 종속된 다른 객체에 통보가 가고 자동으로 수정이 일어나게 한다.
– 일대다의 관련성을 갖는 객체들의 경우 한 객체의 상태가 변하면 다른 모든 객체에게 그 사항을 알리고 필요한 경우 자동적으로 수정이 이루어지도록 한다.
– 활용
  ■ 추상화 개념이 2가지 측면이 있고 하나가 다른 하난에 종속적일 때 이런 종속관계를 하나의 객체로 분리시켜 이들 각각을 재활용 할 수 있다.
  ■ 다른 객체에 변화를 통보할 때, 변화에 관심있어 하는 객체들이 누구인가에 대한 가정없이 이루어져야할 때

2010년 41번

다음의 Java 프로그램에서 적용된 설계 패턴으로 가장 적절한 것은?

```
public abstract class Shortest Path {
        private void c1( ) { }
        protected abstract void c2( ) ;
        private void c3( ) { }
        public void find( ) { c1( ) ; c2( ) ; c3( ) ; }
}
public class Shortest PathA extends SortestPath {
        protected void c2( ) { System.out.print In("A : : c2( )" ) ; }
}
public class ShortestPathB extends ShortestPath {
        protected void c2( ) { Ststem.out.print.In( "B : : c2( )" ) ; }
}
```

① Strategy ② state
③ Template Method ④ Proxy

● 해설 : ③번

Template Method는 오퍼레이션에는 알고리즘의 처리 과정만을 정의하고 각 단계에서 수행할 구체적 처리는 서브클래스에 정의한다. Template Method 패턴은 알고리즘의 처리 과정은 변경하지 않고 알고리즘 각 단계의 처리를 서브클래스에서 재정의

● 관련지식

1) Strategy
- 정의 : 알고리즘을 교체해서 동일한 문제를 다른 방법으로 해결 하는 패턴
- 특징 : 다양한 알고리즘이 존재하면 이들 각각을 하나의 클래스로 캡슐화해 알고리즘의 대체가 가능하도록 한다. 클라이언트와 독립적인 다양한 알고리즘으로 변형할 수 있다. 알고리즘이 변경되어도 클라이언트는 변경할 필요 없다
- 활용
  - 행위들이 조금씩 다를 뿐 개념적으로 관련된 많은 클래스들이 존재하는 경우, 각각의 서로 다른 행위별로 클래스를 작성한다. 즉, 개념에 해당하는 클래스는 하나만 정의하고 서로 다른 행위들을 별도의 클래스로 만드는 것이다

- 알고리즘의 변형이 필요한 경우에 사용할 수 있다
- 사용자가 모르고 있는 데이터를 사용해야 하는 알고리즘이 필요할 때
- 많은 행위를 정의하기 위해 클래스 안에 복잡한 다중 조건문을 사용해야 하는 경우 선택문 보다는 starategy클래스 이용이 바람직

2) Proxy

- 정의 : 바빠서 그 일을 할 수 없는 본인 객체 대신에 대리인 객체가 어느 정도 일을 처리 해 주는 패턴
- 특징 : 다른 객체에 접근하기 위해 중간 대리 역할을 하는 객체를 둔다
- 활용
  - 단순 포인터보다는 객체에 대한 참조자 관리가 필요할 때 프락시 사용
  - 원격 프락시는 서로 다른 주소 공간에 존재하는 객체에 대한 지역적 표현으로 사용
  - 가상 프락시는 요청이 있을 때만 필요한 복잡한 객체를 생성한다.(예: ImageProxy)
  - 보호용 프락시는 원래 객체에 대한 실제 접근을 제어한다. 객체별로 접근 권한이 다를 때 유용
  - smart 참조는 객체로 접근이 일어날 때 추가적인 행동을 수행하는 노출된 포인터를 대신한다. 실제 객체에 대한 참조자 수를 저장하고 있다가 더 이상의 참조가 없을 경우 해당 객체를 자동으로 없앤다. 맨 처음 참조되는 시점에 영속적 저장소의 객체를 메모리로 옮긴다. 다른 객체가 사용하지 못하도록 객체로 접근하기 전에 사용을 금하는 장치를 한다

2010년 44번

다음 중에서 클래스간의 복잡한 상호작용을 단순화시켜서 결합도를 줄이는 데 가장 큰 역할을 하는 설계 패턴만으로 구성된 것은?

① Façade, Mediator
② Façade, Factory Method
③ Iterator, Visitor
④ Prototype, Singleton

해설 : ①번

- Façade 패턴은 서브시스템 안의 여러 인터페이스들에 대하여 통합된 인터페이스를 제공
- Mediator 패턴은 객체들의 상호 작용을 캡슐화하는 객체를 정의. 이를 통하여 객체들 간의 커플링을 줄일 수 있으며, 각 상호 작용을 독립적으로 변경할 수 있음

관련지식

1) Factory Method
- 생성되는 객체에 대한 결정을 서브클래스가 할 수 있도록 객체 생성인터페이스를 제공

2) lterator
- 자료구조의 내부적 표현과 상관없이, 저장되어 있는 자료요소들을 순차적으로 접근할 수 있는 방법을 제공한다.

3) Visitor
- 자료구조 내에 있는 객체 요소들에게 특정 연산을 수행하고자 원할 때 이용. Visitor는 연산 수행의 대상이 되는 객체들의 클래스를 바꾸지 않고도 새로운 연산을 추가할 수 있도록 도와준다.

4) Prototype
- 원형(prototypical) 객체를 복사하는 방식으로 객체를 생성한다. 이를 통하여 생성하는 객체의 종류를 동적으로 지정

5) Singleton
- 특정 클래스의 객체가 단 하나만 생성되도록 보장하며, 그 객체에 대한 전역 접근이 가능

E08. 소프트웨어 유지보수

시험출제 요약정리

1) 소프트웨어 유지보수

- 소프트웨어가 인수 설치된 후 일어나는 모든 작업
- 소프트웨어가 유용하게 활용되는 기간

2) 소프트웨어 유지보수의 종류

분류	유지보수 종류
사유	교정 유지보수, 적응 유지보수, 완전화 유지보수
기간	계획 유지보수, 예방 유지보수, 응급 유지보수, 지연 유지보수
대상	데이터/프로그램 유지보수, 문서화 유지보수, 시스템 유지보수

3) 유지보수 단계별 활동

3-1) 유지보수 요구분석

- 수정의 목적을 구체적으로 사용자와 함께 도출
- 새 기능의 추가: 기능 분석
- 기존 기능과 어떻게 연결시킬 것인지 분석

3-2) 유지보수 설계

- 수정될 모듈을 식별함 및 수정이 타 프로그램에 초래할 영향 파악
- 추가되는 모듈을 어디에 어떤 인터페이스로 연결할 것인지 설계

3-3) 유지보수 프로그래밍(실시)

- 조금씩 점증적으로 변경
- 변경 내용을 반드시 문서로 기록
- 유지보수 용이성이 저하되지 않도록 수정

3-4) 유지보수 시험

- 수정된 모듈을 unit test
- 영향을 미치는 모듈은 다시 시험
- 회귀시험 실시

4) SW 유지보수의 문제점과 해결책

4-1) 유지보수의 문제점

- 유지보수에 따른 코드, 자료, 문서상 부작용 발생
- 시스템의 신뢰성 저하 가능성 발생
- 유지보수 비용 및 인력의 증가
- 유지보수 절차, 조직 및 인력 운영 방법이 비체계적
- 유지보수 인력의 기술 부족

4-2) 유지보수 문제점 해결 방안

- 표준화된 개발 방법론 및 개발도구의 적용
- 소프트웨어 재공학 도구 활용 : 분석, 재구조화, 역공학 실시
- SDLC 단계의 각 단계에서 품질 보증 활동의 강화
- 유지보수 요인에 대한 예방활동 실시
- 변경관리, 형상관리등 적절한 프로젝트 관리 기법 도입

5) Lehman의 관찰

- 계속적인 변경의 법칙(law of continuing change)
- 복잡도 증가의 원리(law of increasing complexity)
- 프로그램 진화의 원리(law of program evolution)
- 조직적 안정화의 원리(conservation of organizational stability) :생산성 일정
- 친근성 유지의 원리(conservation of familiarity) : 버전 변화 일정

기출문제 풀이

2004년 32번

소프트웨어의 유지보수에 관련된 문제와 해결책에 대한 설명 중 현실적으로 가장 적절한 것은?

① 항상 최신의 개발 방법론과 프로그래밍 언어를 이용하여 개발 및 운용한다.
② 소프트웨어의 유지보수는 개발자가 하는 것이 최선이므로 개발자가 유지보수의 책임을 진다.
③ 소프트웨어 유지보수를 용이하게 하기 위한 개발 방법론을 사용하여 기업 내의 모든 소프트웨어를 단일 유형화해야 한다.
④ 개발된 소프트웨어를 표준을 정하여 문서화하고, 소프트웨어 변경에 따른 절차를 제정하여 준수하며, 관련 교육을 지속적으로 수행한다.

해설 : ④번

- 항상, 언제나, 늘 이란 단어는 유의, ② 유지보수에 있어 개발자와 유지보수 담당자는 분리되는 직무가 분리되는 것이 적절함, ③ "모든"이라는 표현이 이상함.

관련지식

1) 소프트웨어 유지보수의 정의
- 소프트웨어의 수명을 연장시키는 일련의 행위
- 소프트웨어 생명주기의 최종단계로 오류를 수정하고 사용자 요구사항을 정정하며 기능과 수행력을 증진시키기 위한 활동

2) SW 유지보수의 문제점과 해결책

2-1) 유지보수의 문제점
- 유지보수에 따른 코드, 자료, 문서상 부작용 발생
- 시스템의 신뢰성 저하 가능성 발생
- 유지보수 비용 및 인력의 증가
- 유지보수 절차, 조직 및 인력 운영 방법이 비체계적
- 유지보수 인력의 기술 부족

2-2) 유지보수 문제점 해결 방안

- 표준화된 개발 방법론 및 개발도구의 적용
- 소프트웨어 재공학 도구 활용 : 분석, 재구조화, 역공학 실시
- SDLC 단계의 각 단계에서 품질 보증 활동의 강화
- 유지보수 요인에 대한 예방활동 실시
- 변경관리, 형상관리 등 적절한 프로젝트 관리 기법 도입

2004년 39번

다음은 일반적인 유지보수 공정을 나타낸 것이다. 활동 단계가 올바르게 나열된 것은?

① 유지보수 계획 – 유지보수 실시 – 변경요청 분석 – 시험 및 승인 – 구 소프트웨어 폐기 – 전환
② 유지보수 계획 – 변경요청 분석 – 유지보수 실시 – 시험 및 승인 – 전환 – 구 소프트웨어 폐기
③ 유지보수 계획 – 유지보수 실시 – 변경요청 분석 – 전환 – 시험 및 승인 – 구 소프트웨어 폐기
④ 유지보수 계획 – 변경요청 분석 – 유지보수 실시 – 전환 – 시험 및 승인 – 구 소프트웨어 폐기

해설 : ②번

문제점 분석 → 검증 → 수정안 승인 → 수정구현 → 수정결과 검토 및 승인 → 전환 → SW 폐기

관련지식

1) 유지보수 공정 상세 설계

1-1) 유지보수 요구분석
- 수정의 목적을 구체적으로 사용자와 함께 도출
- 새 기능의 추가: 기능 분석
- 기존 기능과 어떻게 연결시킬 것인지 분석

1-2) 유지보수 설계
- 수정될 모듈을 식별함 및 수정이 타 프로그램에 초래할 영향 파악
- 추가되는 모듈을 어디에 어떤 인터페이스로 연결할 것인지 설계

1-3) 유지보수 프로그래밍(실시)
- 조금씩 점증적으로 변경
- 변경 내용을 반드시 문서로 기록
- 유지보수 용이성이 저하되지 않도록 수정

1-4) 유지보수 시험

- 수정된 모듈을 unit test
- 영향을 미치는 모듈은 다시 시험

2) 유지보수 요청 문서

- 유지보수에 대한 요청은 일반적으로 유지보수 요청은 유지보수 요청서(MRF: Modification Request Form), 변경 요청서(Change Request)에 의해 이루어진다.

3) 형상관리

- 제품을 개발하거나 유지 보수하는 과정에서 변경(change)을 통제하는 절차는 소프트웨어 개발 과정의 산출물들을 관리하고 고품질의 소프트웨어를 얻기 위해 매우 중요하다.

2004년 47번

다음 보기에 해당하는 소프트웨어 유지보수의 유형은?

> • 보다 좋은 알고리즘으로 개선
> • 보다 편리하게 사용할 목적으로 출력방식을 개선
> • 새로운 출력정보의 추가 등 기능상의 보완

① 수정적 유지 보수(corrective maintenance)
② 완전적 유지 보수(perfective maintenance)
③ 적응적 유지 보수(adaptive maintenance)
④ 예방적 유지 보수(preventive maintenance)

● 해설 : ②번

Corrective Maintenance (수정 유지보수; 21%)는 잘못된 것을 수정, Adaptive Maintenance (적응 유지보수; 25%)는 시스템을 새 환경에 적응, Perfective Maintenance (완전 유지보수; 50%)는 새로운 기능을 추가, Preventive Maintenance (예방 유지보수; 4%)는 미래 시스템 관리를 위한 예방 활동에 대한 유지보수를 말함

● 관련지식

1) 유지보수의 종류

분류	유지보수 종류
사유	교정 유지보수, 적응 유지보수, 완전화 유지보수
기간	계획 유지보수, 예방 유지보수, 응급 유지보수, 지연 유지보수
대상	데이터/프로그램 유지보수, 문서화 유지보수, 시스템 유지보수

2) 유지 보수 종류 상세 설명

2-1) Corrective maintenance(수리 유지보수)

- 발견된 오류의 문제를 찾아 문제해결.

2-2) Adaptive maintenance(적응 유지보수)

- 새로운 하드웨어나 운영체제와 같은 환경변화를 소프트웨어에 반영하는 것
- 시스템의 기능에 변화와는 관련이 없다.

2-3) Perfective maintenance(완전화 유지보수)

- 주로 새로운 혹은 변경된 사용자 요구 사항을 수용하는 것을 다룸
- 시스템의 기능적 향상에 관한 것으로 시스템의 성능을 증가 시키거나 사용자 인터페이스를 향상시키기 위한 활동을 포함.

2-4) Preventive maintenance(예방 유지보수)

- 문서 갱신, 설명 추가, 그리고 시스템의 모듈 구성을 향상시키는 것과 같이 시스템의 유지 보수성을 증가시키는 것을 목표로 한 활동에 관한 것.

2006년 46번

정보시스템의 구축과 운영에 따른 많은 위험요인에 대하여 정보시스템 자산을 보호하기 위한 대비책을 통제라고 하며, 위험 평가를 통해 통제의 필요성을 판단하고 통제대책의 설정과 적용 여부를 검토하는 것을 감리라고 할 수 있다. 이러한 정보시스템의 통제를 시점에 따라서 분류했을 때 틀린 것은?

① 예방 통제 ② 검출 통제 ③ 교정 통제 ④ 대체 통제

해설 : ④번

시점별 통제는 예방 통제, 검출 통제, 교정 통제로 분류됨.

관련지식

1) 통제란
- 조직의 목적을 달성하고, 바람직하지 못한 상황을 예방/검출/교정될 수 있다는 것을 적정하게 보증하기 위해 만들어진 정책/절차/실무 및 조직 구조

2) IT에서 통제의 대상
- 데이터 : 가장 광범위한 의미의 데이터, (즉 외부 데이터 및 내부 데이터 포함), 구조적 데이터 및 비구조적 데이터, 그래픽, 사운드 등을 포함한다
- 응용시스템 : 응용 시스템은 수작업 절차와 프로그램화된 절차를 모두 포함한다
- 기술 : 기술에는 하드웨어, 운영 체제, 데이터베이스 관리시스템, 네트워킹, 멀티미디어 등이 포함된다.
- 시설 : 시설은 정보시스템을 수용하고 지원하기 위해서 필요한 모든 자원을 말한다.
- 인력 : 인력에는 정보시스템 및 정보 서비스를 계획, 조직화, 구입, 운영, 지원, 모니터 하는 인력들의 작업 기술, 인식, 생산성 등이 포함된다.

3) 시점별 통제
- 예방 통제 (Preventive Control) :정보시스템의 근본 목적에 위배되거나 목적 달성을 방해하는 일이 발생되지 않도록 하기 위한 통제 (예 : 직무 분장: 응용 프로그래머와 오퍼레이터의 직무 분리, 시스템 프로그래머와 응용 프로그래머의 직무 분리)
- 검출 통제 (Detective Control):이미 발생한 부정적 상황을 발견해 내고자 하는 통제로서 재발 방지책(예방 통제)을 마련하거나 복구책(교정 통제)을 동원하기 위하여 필요함 (예: 배치 합계 비교 : 입력할 배치의 금액, 건수 합계와 실제로 컴퓨터가 처리한 금액, 건수의 비교)
- 교정 통제 (Corrective Control) : 발견된 부정적 상황을 벗어나 원래의 상태를 복구하기 위하여 필요한 통제 (예 : 감사 증적 : 정보시스템 내부에서 발생하는 처리 과정의 내용을 남겨, 거래의 처리 종료에서 부터 거래 처리 시작까지 추적하도록 하는 메커니즘)

2007년 50번

다음은 소프트웨어 유지 보수 작업의 단계이다. 순서에 알맞게 나열된 것은?

가. 변경 요구 분석
나. 소프트웨어의 이해
다. 회귀시험
라. 변경 및 효과 예측

① 가-나-다-라 ② 나-다-라-가
③ 나-가-라-다 ④ 나-라-다-가

해설 : ③번

- 유지보수 절차는 문제점 분석 → 검증 → 수정안 승인 → 수정구현 → 수정결과 검토 및 승인 → 전환 → SW 폐기
- 문제의 순서는 소프트웨어(유지보수) 계획(이해) - 변경요청 분석 - 유지보수 실시 - 시험 및 승인(회귀시험) - 전환 - 구 소프트웨어 폐기

관련지식

1) **소프트웨어 유지보수**
   - 소프트웨어가 인수 설치된 후 일어나는 모든 작업
   - 소프트웨어가 유용하게 활용되는 기간

2) **유지보수 단계별 활동**

2-1) **유지보수 요구분석**
   - 수정의 목적을 구체적으로 사용자와 함께 도출
   - 새 기능의 추가: 기능 분석
   - 기존 기능과 어떻게 연결시킬 것인지 분석

2-2) **유지보수 설계**
   - 수정될 모듈을 식별함 및 수정이 타 프로그램에 초래할 영향 파악
   - 추가되는 모듈을 어디에 어떤 인터페이스로 연결할 것인지 설계

2-3) 유지보수 프로그래밍(실시)

- 조금씩 점증적으로 변경
- 변경 내용을 반드시 문서로 기록
- 유지보수 용이성이 저하되지 않도록 수정

2-4) 유지보수 시험

- 수정된 모듈을 unit test
- 영향을 미치는 모듈은 다시 시험
- 회규시험 실시

3) 회귀테스트 (regression test)

- 변경 또는 교정이 새로운 오류를 발생시키지 않음을 확인
- 변경 부분과 그에 의하여 영향이 있는 부분만 테스트

2010년 26번

다음 중 소프트웨어 유지보수 용이성을 향상시키기 위한 활동으로 가장 적절하지 않은 것은?

① 표준과 지침을 개발
② 설계의 기준으로 명료성과 모듈성을 강조
③ 색인용 디렉토리를 제공
④ 기호 실행을 행함
⑤ 단일 엔트리, 단일 엑시트 구조를 사용하여 구현

해설 : ④번

기호 실행은 유지보수 용이성에 가장 적절하지 않음

관련지식

1) 유지보수의 특성- Lehman의 관찰
- 계속적인 변경의 법칙(law of continuing change)
- 복잡도 증가의 원리(law of increasing complexity)
- 프로그램 진화의 원리(law of program evolution)
- 조직적 안정화의 원리(conservation of organizational stability) : 생산성 일정
- 친근성 유지의 원리(conservation of familiarity) : 버전 변화 일정

2) 유지보수의 향상을 위한 기술
- 여러 형태의 표준과 지침을 준비 : 요구사항 문서, 설계에 대한 표준 형식, 구조와 코딩 규약, 테스트 계획, 설치 지침, 사용자 지침서에 대한 표준 형식을 제정
- 설계 단계 : 명확성, 모듈성, 변경 용이성을 강조하여 설계
- 구현 단계 : 간단 명료한 코딩 스타일을 유지, 자료의 캡슐화, 자료구조의 크기를 충분히 잡아 환경변화에 대비, 상수를 알아보기 쉬운 변수화
- 테스트 단계: 유지보수 지침서, 테스트 슈트등의 문서를 체계화

E09. 소프트웨어 개발 모델

시험출제 요약정리

1) 소프트웨어 개발 모델

- 소프트웨어가 개발되기 위해 정의되고 사용이 완전히 끝나 폐기될 때까지의 전 과정을 단계별로 나눈 것으로, 조직 내에서의 장기적인 개발 계획과 개발과정 중심의 관점

2) 소프트웨어 개발 모델 종류

2-1) 폭포수 모델 (waterfall)

- 검토 및 승인을 거쳐 순차적 · 하향식으로 개발이 진행되는 생명주기 모델
- 장점 : 이해하기 쉬움, 다음 단계 진행 전에 결과 검증, 관리 용이
- 단점 : 요구사항 도출 어려움, 설계, 코딩, 테스트가 지연됨, 문제점 발견 지연

2-2) 원형모델

- 시스템의 핵심적인 기능을 먼저 만들어 평가한 후 구현하는 점진적 개발 방법
- 장점 : 요구사항 도출 용이, 시스템 이해 용이, 의사소통 향상
- 단점 : 사용자가 완제품으로 오해 · 폐기되는 프로토타입 존재

2-3) 나선형 모델

- 폭포수와 프로토타이핑 모델의 장점에 위험 분석을 추가한 모델 (B. Boehm)
  1) 계획수립(Planning): 목표, 기능 선택, 제약조건 설정
  2) 위험분석(Risk analysis) : 기능 선택 우선순위, 위험요소의 분석과 제거
  3) 개발(Engineering) : 선택된 기능의 개발
  4) 평가(Evaluation) : 개발 결과의 평가
- 장점 : 점증적으로 개발 → 실패 위험 감소, 테스트 용이, 피드백
- 단점 : 관리 복잡

2-4) 점증적 모델

- 시스템을 여러 번 나누어 릴리스 하는 방법
- Incremental: 기능을 분해한 뒤 릴리스마다 기능을 추가 개발

- Iterative: 전체 기능을 대상으로 하되 릴리스를 진행하면서 기능이 완벽해 짐

2-5) RAD(Rapid Application Development)기법 모델

- 주로 JAD를 사용하여 요구사항 분석을 하고 시스템 분석과 문서 설계화에는 CASE 도구를, 실제 개발 및 사용자 테스팅 등에는 원형개발법, 그리고 구축과정에는 4세대 언어를 사용
- 2~3개월의 짧은 개발 주기 동안 소프트웨어를 개발하기 위한 순차적인 프로세스 모델로서 빠른 개발을 위해 Visual Tool, Code Generation Tool을 사용

3) 소프트웨어 개발 생명 주기

구성	내용
요구 명세	고객과 사용자가 원하는 바를 명세화 함. 타당성 조사, 소프트웨어의 기능과 제약 조건을 정의하는 명세서 작성 요구 사항은 일반적으로 모호하고, 불완전하며 모순되는 성질이 있음. 예 : 요구사항 정의서
분석	대상이 되는 문제 영역과 사용자가 원하는 Task를 이해하는 단계 예: 개념 모델, 비즈니스 모델
설계	분석 모델을 가지고 이를 세분화함으로써 구현될 수 있는 형태로 전환시킴. 예 : (개발 언어, 운영 체제 등에 종속적인) 설계 모델
개발	실행 코드 생성
시험	발생가능한 실행 프로그램의 오류를 발견하고 수정하는 단계 예 : Alpha-testing(in-house), Beta-testing(by users) 등
유지보수	- 인수가 완료된 후 일어나는 모든 개발 활동 - 소프트웨어의 수명을 연장시키는 일련의 행위이고, 소프트웨어 생명주기의 최종단계로 오류를 수정하고 사용자 요구사항을 정정하며 기능과 수행력을 증진시키기 위한 활동 예 : Upgrades ("perfective"), Fixes ("corrective")

4) V모델

- 소프트웨어 개발 프로세스로 폭포수 모델의 확장된 형태 중 하나
- V모델은 아래 방향으로 선형적으로 내려가면서 진행되는 폭포수 모델과 달리, 이 프로세스는 오른쪽 그림과 같이 코딩 단계에서 위쪽으로 꺾여서 알파벳 V자 모양으로 진행된다. V 모델은 개발 생명주기의 각 단계와 그에 상응하는 소프트웨어 시험 각 단계의 관계를 보여준다.
- V 모델은 소프트웨어 개발의 각 단계마다 상세한 문서화를 통해 작업을 진행하는 잘 짜여진 방법을 사용한다. 또한 테스트 설계와 같은 테스트 활동을 코딩 이후가 아닌 프로젝트 시작 시에 함께 시작하여, 전체적으로 많은 양의 프로젝트 비용과 시간을 감소시킨다.

기출문제 풀이

2004년 38번

다음의 설명에 해당하는 소프트웨어 생명주기(Software Life Cycle) 모델은?

- 계획수립 – 위험분석 – 개발 – 고객평가의 4단계를 가짐.
- 프로토타입을 지속적으로 발전시켜 최종 소프트웨어 개발까지 이르는 개발방법으로 위험관리가 중심인 생명주기 모델임.
- 비용이 많이 들고 시간이 걸리는 시스템을 구축해 나갈 때 가장 현실적인 접근 방법임.
- 성과를 보면서 조금씩 투자하여 위험부담을 줄일 수 있는 방법임.

① 나선형(Spiral) 모델 ② 폭포수(Waterfall) 모델
③ 프로토타이핑(Prototyping) 모델
④ 컴포넌트 기반(Component based development) 개발 모델

해설 : ①번

위험 분석에 대한 SDLC 모델은 나선형 모형임

관련지식

1) 폭포수 모델
- 프로젝트초기에 각 수행단계를 명확히 하여 진행사항을 정확히 추정할 수 있도록 한 모델. 이전단계를 되돌아가기는 거의 불가능함

2) 나선형 모델
- 폭포모델의 단점을 보완하여 위험중심으로 접근하므로 훨씬 유연하나 일정예측이 어려움. (이미 개발된 Prototype을 지속적으로 발전시켜 최종 소프트웨어에 이르게 하는 모델), 에드워드 데밍의 P-D-C-A 사이클을 적용. 폭포수와 프로토타이핑의 장점 + 위험 관리

3) 프로토타입 모델
- 개발할 시스템의 주요기능과 외부 인터페이스만 먼저 개발하여 사용자의 반응을 적용하는 방법. 만족 시 전체시스템으로 확산

4) 증분 모델
- 개발될 시스템을 기능별로 분할하여 우선순위를 정하여 개발해나가는 방법임

2005년 38번

폭포수(Waterfall) 개발 모델에 대한 설명으로 틀린 것은?

① 소프트웨어 개발과정을 개념적으로 자연스럽게 표현하고 있다.
② 단계별 절차와 산출물이 명확하므로 신규 사업 분야에 적용하는 것이 효과적이다.
③ 사용자 요구의 만족 여부는 최종적인 성과물이 완성되어야만 판명된다.
④ 단계가 완료되어야만 다음 단계를 진행할 수 있다.

해설 : ②번

폭포수 모델 적용 : 기술적 위험이 작고, 경험이 많아 비용, 일정예측이 용이한 경우 적합, 요구사항이 명확히 정의된 경우, 단점으로는 중요 문제점의 발견 늦어짐, 초기단계 강조시 코딩과 시험 지연될 가능성이 있다.

관련지식

1) 폭포수 모델의 정의
- 고전적 라이프사이클 패러다임(Classic Life-cycle Paradigm)으로 분석, 설계, 개발, 구현, 시험 및 유지보수과정을 순차적으로 접근하는 방법

2) 폭포수 모델의 특징
- 요구사항분석, 설계, 구현(프로그래밍), 시험 및 유지보수의 순서로 이어짐
- 소프트웨어 개발을 단계적, 순차적, 체계적 접근 방식으로 수행
- 각 단계별로 철저히 매듭 짓고 다음 단계로 진행함
- 개념 정립에서 구현까지 하향식 접근 방법을 사용(높은 추상화 단계→ 낮은 추상화 단계로 옮겨가는 방식)
- 각 단계 종료 시 검증 후에 다음 단계로 진행 (이전단계산출물→다음단계 기초)
- 프로젝트 진행과정을 세분화하여 관리하기에 용이함
- 고객의 요구사항을 초기에 명확히 정의하기 어려움
- 목표시스템이 과정의 후반부에 가서야 구체화되므로 중요한 문제점이 뒤에서 발견 됨

3) 폭포수 모델의 장단점

장점	단점
– 가장 오래되고 폭넓게 사용(사례풍부) – 전체과정이 이해하기 용이 – 관리 용이 (진행과정을 세분화) – 기술적 위험이 작고, 경험이 많아 비용, 일정 예측이 용이한 경우 적합 – 문서등의 관리와 적용이 용이	– 초기에 요구사항 정의가 어려움 – 중요 문제점의 발견이 늦어짐 (후반부에 구체화되는 경향이 있음) – 전 단계 종결되어야 다음 단계를 수행 – 사용자 피드백에 의한 반복 단계가 불가능 – 초기 단계 강조 시 코딩, 테스트 지연

2005년 40번

요구분석과 정의단계에 프로토타이핑을 적용하여 얻는 이점과 거리가 먼 것은?

① 시스템 개발비용을 효율적으로 감소시킬 수 있다.
② 누락된 사용자 서비스를 찾아낼 수 있다.
③ 응용프로그램의 타당성이나 유용성을 시연하는데 이용할 수 있다.
④ 시스템기능 시연을 통해 개발자와 사용자간의 오해를 줄일 수 있다.

해설 : ①번

프로토타이핑 모형 필요 시점은 업무기능 복잡, 요구사항 불명확시, 사용자의 창조성 유발시이고, 단점으로는 사용자의 불필요하고 과도한 요구사항, 시제품의 폐기시 비경제적, 일정 예측 불가능, 변경관리와 문서화 관리의 어려움이 있음.

관련지식

1) 프로토타이핑 모델
- 사용자의 요구사항을 충분히 분석할 목적으로 시스템의 일부분을 일시적으로 간략히 구현한 다음 다시 요구사항을 반영하는 과정을 반복하는 개발모델 (점진적 개발 방법)

2) 프로토타이핑의 목적
- 요구 분석의 어려움 해결 → 사용자의 참여 유도
- 요구 사항 도출과 이해에 있어 사용자와의 커뮤니케이션 수단으로 활용 가능(의사 소통 도구)
- 사용자 자신이 원하는 것이 무엇인지 구체적으로 잘 모르는 경우. 간단한 시제품으로 개발
- 개발 타당성으로 검토
- 프로토타이핑 기법은 폭포수 모델의 단점을 보완 (점진적으로 시스템을 개발)

3) 프로토타이핑의 모델의 절차
- 요구분석 → prototype 설계 → prototype 개발 → prototype 평가 (만족이면 구현) → 구현 → 인수설치

4) 프로토타이핑 모델의 장단점

장 점	단 점
- 요구사항 도출이 용이	- 프로토타입 결과를 최종 결과물로 오해
- 시스템의 이해와 품질 향상	- 폐기 시 비 경제적(Overhead)
- 개발자와 사용자간 의사소통 원활	- 중간단계 산출물 문서화 어려움

2005년 46번

나선형(Spiral) 모델이 다른 개발 모델에 비하여 가질 수 있는 가장 큰 장점은?

① 빠른 시스템 개발이 가능하다.
② 시스템 개발 전문가에 대한 의존도를 상당히 낮출 수 있다.
③ 프로젝트 초기 단계에 위험요소를 발견하고 제거할 수 있다.
④ 시스템의 재 사용성을 크게 향상시킬 수 있다.

● **해설 : ③번**

나선모델은 위험 요소 발견이 중요함.

● **관련지식**

1) 나선모델
- 폭포모델의 단점을 보완하여 위험중심으로 접근하므로 훨씬 유연하나 일정 측이 어려움.
  (이미 개발된 Prototype을 지속적으로 발전시켜 최종 소프트웨어에 이르게 하는 모델)

2) 나선형 모델 프로세스
- 계획수립 → 위험분석 → 개발 → 고객평가를 나선형의 형태로 반복

3) 나선형 모델의 장단점
- 장점 : 위험 감소, 품질 확보, 대규모 시스템에 적합
- 단점 : 프로젝트 개발에 많은 시간 소요, 일정 예측 어려움

2006년 37번

고객의 요구사항을 명확하게 파악하기 어렵고, 프로젝트의 실현 가능성이 의문시되는 경우에 프로젝트 관리자가 적용할 수 있는 가장 적절한 소프트웨어 개발 모델은?

① RAD(Rapid Application Development) 모델　② 나선형(Spiral) 모델
③ 폭포수(Waterfall) 모델　④ 시제품화(Prototyping) 모델

해설 : ④번

시제품화 모델은 실현 가능성이 의문시 되는 경우 일부 중요한 부분만 개발

관련지식

1) 폭포수 모델 (waterfall)
- 검토 및 승인을 거쳐 순차적 • 하향식으로 개발이 진행되는 생명주기 모델
- 장점 : 이해하기 쉬움, 다음 단계 진행 전에 결과 검증, 관리 용이
- 단점 : 요구사항 도출 어려움, 설계, 코딩, 테스트가 지연될 수 있고, 문제점 발견이 지연될 수 있음.

2) 원형모델
- 시스템의 핵심적인 기능을 먼저 만들어 평가한 후 구현하는 점진적 개발 방법
- 장점 : 요구사항 도출 용이, 시스템 이해 용이, 의사소통 향상
- 단점 : 사용자의 완제품으로 오해할 수 있음. 폐기되는 프로토타입 존재

3) 나선형 모델
- 폭포수와 프로토타이핑 모델의 장점에 위험 분석을 추가한 모델 (B. Boehm)
  1) 계획수립(Planning): 목표, 기능 선택, 제약조건 설정
  2) 위험분석(Risk analysis) : 기능 선택 우선순위, 위험요소의 분석과 제거
  3) 개발(Engineering) : 선택된 기능의 개발
  4) 평가(Evaluation) : 개발 결과의 평가
- 장점 : 점증적으로 개발 → 실패 위험 감소, 테스트 용이, 피드백
- 단점 : 관리 복잡

4) 점증적 모델
- 시스템을 여러 번 나누어 릴리스 하는 방법
- Incremental: 기능을 분해한 뒤 릴리스마다 기능을 추가 개발
- Iterative: 전체 기능을 대상으로 하되 릴리스를 진행하면서 기능이 완벽해 짐

2008년 45번

프로젝트 초기에 요구사항이 애매한 시스템 개발에 적용하기에 가장 적합하지 않은 소프트웨어 생명주기 모델은?

① 폭포수(Waterfall) 모델　　② 프로토타입(Prototype) 모델
③ 나선형(Sprial) 모델　　④ XP(eXtreme Programming)

해설 : ①번

폭포수 모델은 초기 요구사항 도출이 어려워 초기 요구사항 도출이 명확해야 함.

관련지식

1) 소프트웨어 생명주기

– 소프트웨어가 개발되기 위해 정의되고 사용이 완전히 끝나 폐기될 때까지의 전 과정을 단계별로 나눈 것으로, 조직 내에서의 장기적인 개발 계획과 개발과정 중심의 관점

2) 생명주기의 대표적인 모델

구분	내용
폭포수 모델 (waterfall)	• 검토 및 승인을 거쳐 순차적 · 하향식으로 개발이 진행되는 생명주기 모델 • 장점 : 이해하기 쉬움, 다음 단계 진행 전에 결과 검증, 관리 용이 • 단점 : 요구사항 도출 어려움, 설계, 코딩, 테스트가 지연됨, 문제점 발견 지연
원형 모델 (Prototyping)	• 시스템의 핵심적인 기능을 먼저 만들어 평가한 후 구현하는 점진적 개발 방법 • 장점 : 요구사항 도출 용이, 시스템 이해 용이, 의사소통 향상 • 단점 : 사용자의 오해(완제품), 폐기되는 프로토타입 존재
나선형 모델 (Spiral)	• 폭포수와 프로토타이핑 모델의 장점에 위험 분석을 추가한 모델 (B. Boehm) 1) 계획수립(Planning): 목표, 기능 선택, 제약조건 설정 2) 위험분석(Risk analysis) : 기능 선택 우선순위, 위험요소의 분석과 제거 3) 개발(Engineering) : 선택된 기능의 개발 4) 평가(Evaluation) : 개발 결과의 평가 • 장점 : 점증적으로 개발 → 실패 위험 감소, 테스트 용이, 피드백 • 단점 : 관리 복잡
점증적 모델 (Iterative & Incremental)	• 시스템을 여러 번 나누어 릴리스 하는 방법 • Incremental : 기능을 분해한 뒤 릴리스마다 기능을 추가 개발 • Iterative : 전체 기능을 대상으로 하되 릴리스를 진행하면서 기능이 완벽해 짐

3) XP (eXtreme Programming) 방법론

- 라이프 사이클 후반부라도 요구사항 변경에 적극적이고, 긍정적인 대처를 권고하는 역 발상의 SW 개발 방법

Core Value	내용
단순성	부가적 기능, 사용되지 않는 구조와 알고리즘 배제
의사소통	실제 개발자들 사이의 의사소통을 통한 개발 사이클 채택
피드백	빠른 피드백이 기본 원칙으로 해결할 수 있는 일 먼저 처리
용기	고객의 요구사항 변화에 능동적인 대처

2008년 50번

다음 활동은 소프트웨어 개발 생명주기 상에서 어느 단계와 가장 관련이 있는가?

잘못된 것을 수정 시스템을 새 환경에 적응 새로운 기능을 추가 미래의 시스템 관리

① 요구사항 분석 ② 설계/분석 ③ 테스트 ④ 유지보수

해설 : ④번

시스템을 새 환경에 적용, 미래의 시스템 관리는 유지 보수 단계에서 수행됨

관련지식

1) 소프트웨어 개발 생명 주기

- 소프트웨어가 개발되기 위해 정의되고 사용이 완전히 끝나 폐기될 때까지의 전 과정을 단계별로 나눈 것으로, 조직 내에서의 장기적인 개발 계획과 개발과정 중심의 관점
- 정보시스템(information systems)을 개발하는 절차, 혹은 시스템 개발단계의 반복현상을 시스템 개발

2) 소프트웨어 개발 생명 주기

구성	내용
요구 명세	고객과 사용자가 원하는 바를 명세화 함. 타당성 조사, 소프트웨어의 기능과 제약 조건을 정의하는 명세서 작성 요구 사항은 일반적으로 모호하고, 불완전하며 모순되는 성질이 있음. 예 : 요구사항 정의서
분석	대상이 되는 문제 영역과 사용자가 원하는 Task를 이해하는 단계 예: 개념 모델, 비즈니스 모델
설계	분석 모델을 가지고 이를 세분화함으로써 구현될 수 있는 형태로 전환시킴. 예 : (개발 언어, 운영 체제 등에 종속적인) 설계 모델
개발	실행 코드 생성

구성	내용
시험	발생 가능한 실행 프로그램의 오류를 발견하고 수정하는 단계 예 : Alpha-testing(in-house), Beta-testing(by users) 등
유지보수	– 인수가 완료된 후 일어나는 모든 개발 활동 – 소프트웨어의 수명을 연장시키는 일련의 행위이고, 소프트웨어 생명주기의 최종단계로 오류를 수정하고 사용자 요구사항을 정정하며 기능과 수행력을 증진시키기 위한 활동 예 : Upgrades ("perfective"), Fixes ("corrective")

3) 소프트웨어 개발 생명 주기 대표적인 모형 장단점 비교

모델	장점	단점
폭포수형	• 단계별로 정형화된 접근 방식 • 체계적인 문서화 및 단계별 산출물 체크를 통한 프로젝트 진행의 명확화	• 각 단계간의 피드백이 어려움 • 작업 지연에 따른 전체 일정 지연 • 개발이 진행됨에 따라 발견되는 문제점의 시정노력 급증
프로토타입	• 가시적이고 이해가 쉬워 관리가 용이 • 사용자 요구사항을 빠르게 수용 가능 • 사용자 요구사항의 확인이 용이 • 정적인 요구명세 및 문서화 방법대신 실질적으로 수행되는 물리적 모형 확인	• 최종 소프트웨어 제품을 완성하기 전에 시제품을 완제품으로 발전하게 할 가능성 • 부족한 문서화에 따른 유지보수의 어려움 • 반복적인 시제품 개발의 종료 시기 문제
나선형	• 기존의 소프트웨어 생명주기 모델의 장점들의 선택적 수용 • 위험관리 위주의 접근 방식 • 소프트웨어 개발 및 개선을 동시에 관리	• 계약에 의한 개발환경에서는 보완 필요 • 위험관리에 있어서 개발자 능력에 의존 • 위험식별 및 프로젝트 관리를 위한 절차의 구체화 필요
점진적	• 고객에게 새로운 시스템에 대한 충격 완화 • 후반 통합의 충격을 완화	• 다수의 빌드 관리에 대한 부담 • 요구사항 분석을 초기에 완벽히 이해하고 있어야 한다. • 변경되는 요구사항에 대한 효과적인 대응이 힘듦(초기 요구사항이 명확해야 함)
진화적	• 불완전한 요구사항에 대한 대응 • 시스템 완성도를 점진적으로 향상	• 다수의 버전 • 프로젝트 비용 및 일정 증가

2009년 37번

소프트웨어 시스템 개발 시 폭포수 모델과 비교했을 때 RUP가 갖는 장점이 아닌 것은?

① 개발 초기에 위험을 줄일 수 있다.
② 각 단계별로 정형화된 접근 방법과 체계적인 문서화가 용이하다.
③ 변경에 대한 관리가 용이하다.
④ 프로세스가 진행됨에 따라 프로젝트 팀원의 기술이 향상된다.

해설 : ②번

폭포수 모델도 각 단계별로 정형화 된 접근법과 산출물이 있음.

관련지식

1) RUP
- RUP는 전체 일정을4단계로 나누며 단계별로 반복 작업을 진행 하는 공정들에 역점
- 이때 각 단계들을 구분하는 일정수준은 형식화되어 산출물들을 포함한 요소들로 평가하는데 이것을 이정표(Milestone)라고 하며 작업 단계를 넘어 다음 단계로 진화 할 수 있는 합격 기준선이 됨.

2) RUP 진행 과정
- 초기 : 전체적인 계획을 수립하고, 시스템 구축의 방향을 설정
- 비즈니스모델링 : 비즈니스 모델링을 추진하면서 시스템 구축의 토대를 구축
- 요구명세과정 : 사용자와 이해 관계자의 요구를 정의.
- 분석, 설계과정 : 요구사항들의 상세분석을 수행하고 기술적 형식으로 요구들을 변형
- 구현 과정 : 시스템을 구축
- 테스트 과정 : 구현된 시스템을 테스트하고 결함을 보정 한 후 전체적인 평가
- 배포 : 각 과정을 진행 할 때에는 형상 및 변경관리, 환경관리를 수반하며 최종적으로는 구축된 시스템을 배포

3) RUP의 장점
- 체계적이고, Biz Modeling을 포함한 Life Cycle 전반을 포괄
- 다양한 도메인에 대한 많은 적용 경험과 3Gs를 통한 개선
- UML 근간
- 가이드라인이 비교적 자세
- 반복적인 기법을 통한 초기 위험 감소
- 반복적인 기법을 통한 팀원들의 기술 향상

2009년 48번

소프트웨어 개발 프로세스 모델에 대한 설명 중 맞는 것은?

① 폭포수 모델은 응용분야가 복잡하고 세부적 과정이 필요한 분야에 적합한 모델이다.
② 점증적 모델은 개발 제품을 릴리즈 할 때마다 기능의 완성도를 높이는 점증적 방법과 새로운 기능을 추가하는 반복적 방법을 병행하여 사용하기도 한다.
③ V 모델은 신뢰성을 높이기 위한 테스트 작업을 강조한 것이므로 문서와 결과물 도출에 중점을 두고 있다.
④ 나선형 모델의 진화단계는 계획수립, 위험분석, 개발, 평가이다.

● 해설 : ④번

폭포수 모형은 간단하고, 점증적 모델은 점증적 방법을 사용함. V모델은 생명주기의 각 단계와 그 에 상응하는 시험 단계의 관계를 보여줌

● 관련지식

1) 개발 프로세스 모델
- 소프트웨어가 개발되기 위해 정의되고 사용이 완전히 끝나 폐기될 때까지의 전 과정을 단계별로 나눈 것으로, 조직 내에서의 장기적인 개발 계획과 개발과정 중심의 관점

2) V모델
- 소프트웨어 개발 프로세스로 폭포수 모델의 확장된 형태 중 하나
- V모델은 아래 방향으로 선형적으로 내려가면서 진행되는 폭포수 모델과 달리, 이 프로세스는 오른쪽 그림과 같이 코딩 단계에서 위쪽으로 꺾여서 알파벳 V자 모양으로 진행된다. V 모델은 개발 생명주기의 각 단계와 그에 상응하는 소프트웨어 시험 각 단계의 관계를 보여준다.
- V 모델은 소프트웨어 개발의 각 단계마다 상세한 문서화를 통해 작업을 진행하는 잘 짜여진 방법을 사용한다. 또한 테스트 설계와 같은 테스트 활동을 코딩 이후가 아닌 프로젝트 시작 시에 함께 시작하여, 전체적으로 많은 양의 프로젝트 비용과 시간을 감소시킨다.

E10. 요구분석

시험출제 요약정리

1) 요구사항 분석 기법

1-1) 분석 종류

- 기능 관점 분석 : 시스템이 어떠한 기능을 수행하는가의 관점에서 시스템 기술 (대표적 : 구조적 분석)
- 동적 관점 분석 : 시간의 변화에 따른 시스템의 동작과 제어에 초점을 맞추어 시스템의 상태(state)와 상태를 변하게 하는 원인들을 묘사 (상태와 사건이 동적 모델링의 주요 구성 요소)
- 정보 관점 분석 : 시스템에 필요한 정보를 보여줌으로써 시스템의 정적인 정보 구조를 포착하는데 사용. 정보모델은 시스템의 기능이나 동적인 관점을 고려하지 않으며 정적인 관점에 초점을 맞춤 (DB분야에 많이 사용되고, 대표적인 도구는 ER 모델, EER 모델)
  - 객체 지향 모델은 객체의 정적인 정보에 객체의 동적인 면 과 기능관점을 추가하여 완벽한 객체를 구현

1-2) 동적 모델링(실시간) 기법의 대표적인 도구

- 대표적인 실시간 시스템으로는 통신시스템, 비행기운행관리시스템, 원자력발전소의원자로제어장치, 군사용 미사일 시스템등
- 상태변화도 (STD: State Transition Diagram) : 시스템의 제어흐름, 동작의 순서 다룸
- Petri Net : 동시발생 구성요소를 갖는 이산사건 시스템을 모델링하고 설계할 수 있는 시각적 도구
- State Chart : VDM과 상태 기반의 graphic 명세언어
- SDL (Specification & Description Language)
- 프로세스 활성표(PAT: Process Activation Table)
- 결정표 (DT: Decision Table)
- 상태사건표(SEM: State Event Matrix)

2) 객체지향분석

- 객체 모델은 클래스와 클래스 사이의 관련 표현하는 다이어그램
- 행위 모델은 상태천이도 및 사건추적도
- 기능 모델은 데이터 흐름도 (업무상 작업 흐름과 처리 흐름 표기

3) 구조적 분석

- 정보의 흐름과 정보의 변환을 나타내는 방법으로 요구 사항 분석 도구로 가장 많이 사용
- 자료 흐름도를 사용하여 정보의 흐름과 변환 묘사
- 정적(데이터) 측면 : 개체 관계도
- 기능적 측면 : 자료(데이터) 흐름도
- 동적(행위) 측면 : 상태 전이도

4) 요구공학

4-1) 정의

- 시스템으로부터 고객이 요구하는 서비스와 시스템 운용과 개발 도중의 제약조건들을 설정하는 과정
- 요구들을 어떻게 표현하느냐에 따라 관련된 기술뿐만 아니라 사회적인 인식의 관점 (cognitive aspects)에서 주요한 역할을 수행하는 것도 포함

4-2) 타당성 조사 검토 항목

- 시스템이 조직의 목표에 적합한지
- 시스템이 예산범위 내에서 현재의 기술을 이용하여 구축될 수 있는지
- 시스템이 현재 사용되고 있는 다른 시스템과 통합이 가능하지

4-3) 요구공학 프로세스

- 요구 추출 : 문제를 이해하는 것에서 요구사항이 나온다.
- 요구 명세 : 문제를 이해하면 문장으로 기술하면서 설명한다.
- 요구의 검증 및 확인 : 문제를 기술하면 서로 다른 부분들이 일치시킨다.

→ 구조적 분석 방법은 요구 사항을 명세하는 기법이다.

5) 형식적 명세와 기법

관계형 표기법	상태 위주 표기법
함의 방정식(implicit equation)	판단 표(decision table)
순환 관계(recurrence relation)	사건 표(event table)

관계형 표기법	상태 위주 표기법
대수 공리(algebra axiom)	전이 표(transition table)
정규 표현(regular expression)	유한 상태 기계(finite state machine)
	페트리 네트(petri net)

5-1) 관계형 표기법

- 함의 방정식(implicit equation) : 문제의 해결 방법을 기술하지 않고 해법의 성질을 기술하는 방법
- 순환 관계(recurrence relation) : 순환 관계는 기초라 불리는 초기 부분과 하나 이상의 순환 부분으로 구성되어 있으며, 순환 부분은 함수의 다른 값에 대해서 원하는 함수의 값을 기술하는 부분. 순환 관계는 반복적 프로그램으로 쉽게 변환.
- 대수 공리(algebraic axiom) : 공리적인 접근 방식은 소프트웨어 시스템의 기능적인 성질을 기술하는데 이용될 수 있다. 수학에서와 마찬가지로 의도는 몇 개의 기본 성질을 기술함으로써 시스템의 기본 성질을 정의
- 정규 표현(regular expression) : 정규 표현법은 부호스트링의 구문 구조를 정의하는데 이용될 수 있다. 정규표현법에 의해 기술된 모든 부호 스트링의 집합은 형식언어(formal language)를 정의

5-2) 상태위주 표기법

- 판단표(decision table) : 복잡한 의사결정 논리를 기술하는데 사용되는데, 주로 데이터 처리분야에서 사용되며, 판단표는 4개의 4분원으로 구성
- 사건표(event table) : 여러 사건이 상이한 조건하에서 발생되었을 때 취해야 할 행위를 기술하는것으로, 2차원 사건표는 행위들을 2개의 변수와 연결시킨다. 또한 보다 고차원적인 표는 보다 많은 독립변수를 결합시키기 위하여 사용. → $f(M, E) = A$ (M : 현재 동작 조건의 집합, E : 사건, A : 취해야 할 행위)
- 전이표(transition table) : 효과를 유도해내는 함수로서 시스템내의 상태 변화를 기술하는데 사용하며, 시스템의 상태는 특정시간에 시스템내의 모든 실체들에 대한 상태를 나타냄. 현재 상태와 현재의 조건이 주어지면 차기 상태가 구해진다. 즉, 상태 Si 에서 조건 Cj가 주어지면 상태 Sk로 바뀌게 된다. → $f(Si, Cj) = Sk$
- 유한 상태 기계(finite state machine) : 자료흐름도, 정규 표현법 및 전이표는 소프트웨어 시스템의 기능 명세를 위해 강력한 유한 상태 기계를 제공하도록 결합
- 패트리 네트(Petri net) : 패트리 네트는 다양한 상황을 모형화하는데 이용되고 있다. 이것은 그래프에 의한 표기 기법을 제공하며, 병렬 처리를 기술할 때 유한 상태기계의 한계성을 극복하도록 고안된 것.

기출문제 풀이

2007년 27번

요구사항을 기술하는 다양한 방법들 가운데 병렬로 일어나는 동작들과 그에 따라 상태가 변경되는 이벤트 집합을 표현하는 방법으로서, 병렬처리 요구사항 표현에 가장 적합한 방법은 무엇인가?

① 의사결정 테이블(Decision Table)
② 페트리 네트(Petri Net)
③ 전이 테이블(Transition Table)
④ 정형 명세 언어(Formal Specification Language)

해설 : ②번

Petri Net는 1960년대 C.A. Petri에 의해 처음 개발되었다. 페트리 네트는 오토마타와 유사한 점이 많고, 실제로 오토마타는 페트리 네트로 표현이 가능하다. 페트리 네트의 장점은 동시성(Concurrency)과 동기적인 사건(Synchronized Event)을 표현할 수 있으며, 가시적으로 표현(Visuality)이 가능하여 이해하기 편리하다는 장점이 있다. Petri net가 concurrent 현상을 모델 하는 데 유망하게 쓰이는 이유는 Petri net 자체를 분석하는 방법이 발전되어 있기 때문이다.

관련지식

1) 요구사항 분석 기법

- 기능 관점 분석 : 시스템이 어떠한 기능을 수행하는가의 관점에서 시스템 기술 (대표적 : 구조적 분석)
- 동적 관점 분석 : 시간의 변화에 따른 시스템의 동작과 제어에 초점을 맞추어 시스템의 상태(state)와 상태를 변하게 하는 원인들을 묘사 (상태와 사건이 동적 모델링의 주요 구성 요소)
- 정보 관점 분석 : 시스템에 필요한 정보를 보여줌으로써 시스템의 정적인 정보 구조를 포착하는데 사용. 정보모델은 시스템의 기능이나 동적인 관점을 고려하지 않으며 정적인 관점에 초점을 맞춤 (DB분야에 많이 사용되고, 대표적인 도구는 ER 모델, EER 모델)
  - ■ 객체 지향 모델은 객체의 정적인 정보에 객체의 동적인 면 과 기능관점을 추가하여 완벽한 객체를 구현

2) 구조적 분석 기법

- 구조적 분석은 설계의 원칙만가지고는 더욱 복잡해지는 시스템의 기능들을 제대로 표시하지 못하였으므로 요구 사항 분석에 구조적 기법의 필요성 대두
- 정보의 흐름과 정보의 변환을 나타내는 방법으로 요구 사항 분석 도구로 가장 많이 사용
- 자료 흐름도를 사용하여 정보의 흐름과 변환 묘사
- 자료흐름도, 자료사전

3) 동적 모델링(실시간) 기법의 대표적인 도구

- 대표적인 실시간 시스템으로는 통신시스템, 비행기운행관리시스템, 원자력발전소의원자로제어장치, 군사용 미사일 시스템등
- 상태변화도 (STD: State Transition Diagram) : 시스템의 제어흐름, 동작의 순서 다룸
- Petri Net
- State Chart
- SDL (Specification & Description Language)
- 프로세스 활성표(PAT: Process Activation Table)
- 결정표 (DT: Decision Table)
- 상태사건표(SEM: State Event Matrix)

2007년 37번

요구 공학(Requirement Engineering) 프로세스의 첫 단계인 타당성 조사(Feasibility Study)에 대한 설명으로 틀린 것은?

① 시스템이 조직의 전체 목표에 부합하는지에 대한 평가가 이루어진다.
② 타당성 조사 보고서가 작성된다.
③ 프로토타이핑과 구조적 분석 방법이 사용된다.
④ 현재의 기술과 주어진 예산과 일정 내에서 개발될 수 있는가에 대한 평가가 이루어진다.

● 해설 : ③번

타당성 조사 단계에서는 프로토타이핑과 분석은 이루어지지 않음

● 관련지식

1) 요구공학 정의
- 시스템으로부터 고객이 요구하는 서비스와 시스템 운용과 개발 도중의 제약조건들을 설정하는 과정
- 요구들을 어떻게 표현하느냐에 따라 관련된 기술뿐만 아니라 사회적인 인식의 관점(cognitive aspects)에서 주요한 역할을 수행하는 것도 포함

2) 타당성 조사 검토 항목
- 시스템이 조직의 목표에 적합한지
- 시스템이 예산범위 내에서 현재의 기술을 이용하여 구축될 수 있는지
- 시스템이 현재 사용되고 있는 다른 시스템과 통합이 가능하지

3) 타당성 검토 실행- 질문에 대한 정보 수집
- 정보수집과, 보고서를 통해 만들어진 정보에 대한 평가를 기초로 하여 수행
- 시스템에서 아직까지 구현이 안된 것은 무엇인가?
- 현재 프로세스의 문제점은 무엇인가?
- 제안된 시스템이 어떻게 도울 수 있는가?
- 통합시의 문제점은 무엇인가?
- 어떠한 신기술이 필요한가?
- 어떠한 기능이 제안된 시스템에 의해 지원되는가?

4) 요구공학 프로세스

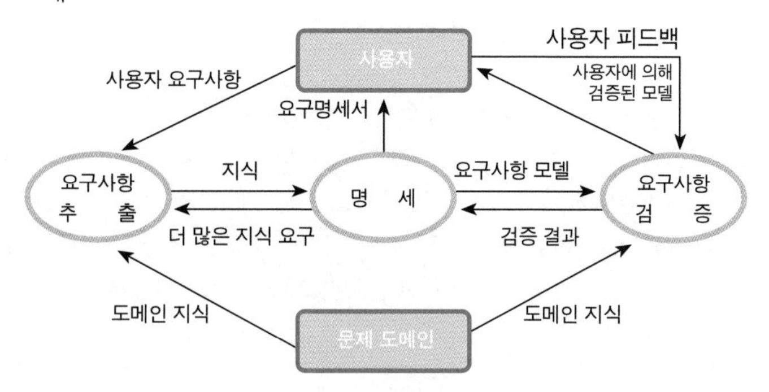

- 요구 추출 : 문제를 이해하는 것에서 요구사항이 나온다.
- 요구 명세 : 문제를 이해하면 문장으로 기술하면서 설명한다.
- 요구의 검증 및 확인 : 문제를 기술하면 서로 다른 부분들이 일치시킨다.
  → 구조적 분석 방법은 요구 사항을 명세하는 기법이다.

2008년 28번

다음 요구사항 분석 모델에 대한 설명으로 틀린 것은?

① 배경 모델(Context Model)에는 아키텍처 모델(Architecture Model)이 포함 된다.
② 행위 모델(Behavioral Model)에는 상태 기계 모델(State Machine Model)등이 있다.
③ 데이터 모델(Data Model)에는 데이터 흐름 모델(Data Flow Model) 및 개체–관계 속성 모델(Entity–Relation Attribute Model)이 있다.
④ 객체 모델(Object Model)에는 클래스 다이어그램(Class Diagram) 등이 있다.

해설 : ③번

데이터 모델은 ER 모델과 EER 모델이 있음. (ER(Entity-Relationship) 모델이 있는데 P.P. Chen이 1976이 제안)

관련지식

1) 데이터 모델의 종류
- 개념적 데이터 모델 → 구성 요소를 추상적인 개념으로 표현 (ER 모델)
- 논리적 데이터 모델 → 구성 요소를 논리적(수학적)인 개념으로 표현 (관계, 계층, 네트워크)

2) 객체지향분석
- 객체 모델은 클래스와 클래스 사이의 관련 표현하는 다이어그램
- 행위 모델은 상태천이도 및 사건추적도
- 기능 모델은 데이터 흐름도 (업무상 작업 흐름과 처리 흐름 표기

3) 구조적 분석
- 성석(데이터) 측변 : 개체 관계도
- 기능적 측면 : 자료(데이터) 흐름도
- 동적(행위) 측면 : 상태 전이도

4) 배경도
- 시스템의 분석 대상 범위를 설정하는 역할
- 시스템이 무엇을 하는 것인가를 알아볼 수 있도록 해주는 계층
- 분석하고자 하는 시스템과 외부 관련자 간의 접속 관계를 결정
- 순수한 입출력을 식별하고, 시스템 분석 범위를 결정

2008년 30번

요구공학에서 요구사항을 명확하게 정의하기 위해 사용되는 정형명세(Formal Specification)에 대한 설명 중 가장 적합하지 않은 것은?

① 비정형 명세에 비해서 누락(Omission), 불일치(Inconsistency) 검사가 쉽다.
② 비정형 명세에 비해서 표현이 간결하다.
③ 사용자 인터페이스와 상호작용을 명세한 것에 가장 적합하다.
④ 정형 명세는 수학적 개념에 기초한다.

해설 : ③번

사용자 인터페이스와 상호작용은 비정형명세(자연어)를 사용

관련지식

1) 정형 기법이라는 말은 정형 시스템 명세, 명세 분석과 증명, 변환 개발과 프로그램 증명을 포함하는 소프트웨어의 수학적 언어로 모호하지 않게 표현하는 명세 방법

2) 정형기법의 특징
- 정형 기법의 사용은 안전성, 신뢰성, 보안성이 중요한 시스템 개발 분야 많이 사용
- 정형 명세의 종류 : 대수적 방법, 모델기반 방법
- 정형 시스템의 요소 : 언어, 규칙 제공, 의미 부여, 검증

3) 대수적 방법
- 오퍼레이션과 이들 사이의 관계로 시스템을 표현
- 시스템 : 분할된 서브 시스템의 인터페이스
- 종류 : Larch, OBJ, Lotos

4) 모델기반 방법
- 시스템 : 상태 모형
- 집합과 수열, 수학적 요소를 이용하여 표현
- 종류 : Z, VDM, CSP, Petri-net

2010년 38번

소프트웨어 제품의 기능적인 특징을 기술하는 형식적인 표기법은 간결하면서도 모호하지 않은 이점을 지니고 있음은 물론 기능 명세서에 대한 형식적인 추론을 가능하게 하고, 최종 소프트웨어 제품에 대한 검증의 기초를 제공한다. 이와 같은 형식적인 표기법은 관계형 표기법과 상태위주 표기법으로 크게 구분이 되는데 다음 중 상태 위주 표기법이 아닌 것을 모두 고르시오?

① 사건표(Event Table)
② 유한상태기계(Finite State Machine)
③ 순환관계(Recurrence Relation)
④ 페트리네트(Petri Nets)
⑤ 정규표현(Regular Expression)

해설 : ③,⑤번

관계형 표기법 : 함의방정식, 순환관계, 대수공리, 정규 표현이 있음.

관련지식

1) 요구 사항을 기술하는 언어가 구비해야 할 조건
- 전체적으로 하나의 의미를 가져야 한다.
- 부분적인 기술이 가능해야 한다.
- 불필요한 설계적 요소가 내재하지 못하도록 하여야 한다.
- 확장성이 있어야 한다.
- 기계 처리가 가능하여야 한다.
- 문법 어휘 및 구문이 자연적이어야 한다.

2) 관계형 표기법
- 함의 방정식(implicit equation) : 문제의 해결 방법을 기술하지 않고 해법의 성질을 기술하는 방법
- 순환 관계(recurrence relation) : 순환 관계는 기초라 불리는 초기 부분과 하나 이상의 순환 부분으로 구성되어 있으며, 순환 부분은 함수의 다른 값에 대해서 원하는 함수의 값을 기술하는 부분. 순환 관계는 반복적 프로그램으로 쉽게 변환.
- 대수 공리(algebraic axiom) : 공리적인 접근 방식은 소프트웨어 시스템의 기능적인 성질을 기술하는데 이용될 수 있다. 수학에서와 마찬가지로 의도는 몇 개의 기본 성질을 기술함으로써 시스템의 기본 성질을 정의
- 정규 표현(regular expression) : 정규 표현법은 부호스트링의 구문 구조를 정의하는데

이용될 수 있다. 정규표현법에 의해 기술된 모든 부호 스트링의 집합은 형식언어(formal language)를 정의

3) 상태위주 표기법

- 판단표(decision table) : 복잡한 의사결정 논리를 기술하는데 사용되는데, 주로 데이터 처리 분야에서 사용되며, 판단표는 4개의 4분원으로 구성
- 사건표(event table) : 여러 사건이 상이한 조건하에서 발생되었을 때 취해야 할 행위를 기술하는 것으로, 2차원 사건표는 행위들을 2개의 변수와 연결시킨다. 또한 보다 고차원적인 표는 보다 많은 독립변수를 결합시키기 위하여 사용. → f(M,E) = A (M : 현재 동작 조건의 집합, E:사건, A:취해야 할 행위)
- 전이표(transition table) : 효과를 유도해내는 함수로서 시스템내의 상태 변화를 기술하는데 사용하며, 시스템의 상태는 특정시간에 시스템내의 모든 실체들에 대한 상태를 나타냄. 현재 상태와 현재의 조건이 주어지면 차기 상태가 구해진다. 즉,상태 Si 에서 조건 Cj가 주어지면 상태 Sk로 바뀌게 된다. → f(Si, Cj) = Sk
- 유한 상태 기계(finite state machine) : 자료흐름도, 정규 표현법 및 전이표는 소프트웨어 시스템의 기능 명세를 위해 강력한 유한 상태 기계를 제공하도록 결합
- 패트리 네트(Petri net) : 패트리 네트는 다양한 상황을 모형화하는데 이용되고 있다. 이것은 그래프에 의한 표기 기법을 제공하며, 병렬 처리를 기술할 때 유한 상태기계의 한계성을 극복하도록 고안된 것

2010년 50번

다음은 요구사항 명세서가 지녀야 할 기본조건을 설명한 것이다. 명세서가 지녀야 할 기본조건의 설명으로 가장 적절하지 않은 것은?

① 설계 과정을 위한 문제의 정의에 도움을 줄 수 있을 것
② 소프트웨어가 올바르다고 판단하기 위한 수단으로 사용 할 수 있을 것
③ 개발자 중심으로 만들어서 구현 시 즉시 사용할 수 있을 것
④ 소프트웨어 제품 및 개발과정을 공학화하는 핵심이 될 수 있을 것

해설 : ③번

개발자 중심은 설계 명세서

관련지식

1) 소프트웨어 요구 사항 명세서란
- 소프트웨어 요구 사항을 정의한 작업 결과 기록
- 소프트웨어 제품에 대한 기술적인 요구 사항
- 시스템 정의 기술서를 기초로 작성
- 확실하고 분명한 표시 방법으로 일관성 있게 기술
- 소프트웨어 제품이 "무엇(what)"이라는 것을 정의하는 것이지 "어떻게(how)"할 것인가는 소프트웨어 설계에서 기술

2) 소프트웨어 요구 사항 명세서의 조건
- 설계 과정을 위한 문제의 정의에 도움을 줄 수 있을 것
- 고객과 이용자가 이해하기 쉽고, 개발 계약의 기초가 될 수 있을 것
- 소프트웨어가 올바르다고 판단하기 위한 수단으로 사용할 수 있을 것
- 소프트웨어 제품 및 개발 과정을 공학화하는 핵심이 될 수 있을 것

3) 소프트웨어 요구 사항을 기술하는 방법론의 조건
- 방법론은 보기 좋게 검증할 수 있는 설계를 하도록 적절하고 정확하게 기술하는 방법이어야 하거나 명세서의 일관성, 완전성, 정당성 등을 체크할 수 있는 해석적 수순을 제공.
- 소프트웨어 모듈을 제작하기 위한 정확한 요구 사항 명세서를 제시할 수 있고, 구현(혹은 이행)시 사용자, 설계자 및 프로그래머 사이에서의 잘못된 해석을 방지.
- 최종 소프트웨어를 테스트할 수 있는 기준 제시
- 요구 사항의 변경이나 수정이 필요하게 될 때를 대비하여 감시 기능을 추가하고, 운영 단계에서 문제가 발생하였을 시기를 위해 요구 사항간의 추적 가능성을 추가하며, 변경 후에 필요 이상으로 테스트하지 않고서 품질을 보증할 수 있도록 하여 유지 • 보수비용을 최소화

E11. 품질 보증

시험출제 요약정리

1) 품질 보증

- 설정된 요구사항과 SW제품과의 일치성 확인작업
- 모든 SW산출물을 사용하는데 필요한 적절한 확증을 준비하는 체계적인 행위

2) 소프트웨어 품질보증의 기법

2-1) Review
- 부적절한 정보, 누락되거나 관련 없는 정보의 발견, 요구명세서와의 일치성 검토
- 시스템개발요원, 관리자, 사용자, 외부전문가 참여

2-2) Inspection
- 소프트웨어 구성 요소들의 정확한 평가
- Review보다 엄격, 정형화 됨, Check List 등 사용

2-3) Walk-through
- 비공식적인 검토과정으로서 개발에 참여한 팀들로 구성

3) 품질 보증 절차

3-1) 품질보증 계획수립
- 품질보증 활동계획 수립 및 평가대상 산출물 설정
- 품질보증 프로세스와 기준선 설정

3-2) 소프트웨어 엔지니어링 활동 검토
- 개발활동에 대한 검토
- 산출물을 생산하기 위한 프로세스들의 운용 검토

3-3) 품질 측정 및 평가
- 품질목표에 따라 실제 품질평가 및 측정

- 소프트웨어 감리 및 감사와 연관

3-4) 문서화

- 품질평가에 대한 문서기록

3-5) 승인

- 문서화된 평가결과 승인
- 품질보증 활동에 대한 최고결정권자의 승인

3-6) 보고 및 통보

- 승인된 품질평가의 결과를 개발활동에 반영
- 관련조직 및 관련인원에게 통보

기출문제 풀이

2004년 37번

소프트웨어 품질보증절차가 순서대로 나열된 것은?

1 : 품질 보증 계획 수립
2 : 소프트웨어 엔지니어링 활동 검토
3 : 문서화
4 : 품질 측정 및 평가
5 : 승인
6 : 보고 및 통보

① 1 - 2 - 3 - 4 - 5 - 6　　② 1 - 4 - 3 - 5 - 2 - 6
③ 1 - 2 - 4 - 3 - 5 - 6　　④ 1 - 3 - 4 - 5 - 2 - 6

해설 : ③번

품질보증 절차는 계획 수립, 활동 검토, 측정/평가, 승인, 보고의 순

관련지식

1) 품질 보증
- 설정된 요구사항과 SW제품과의 일치성 확인작업
- 모든 SW산출물을 사용하는데 필요한 적절한 확증을 준비하는 체계적인 행위

2) 소프트웨어 품질보증의 기법

2-1) Review
- 부적절한 정보, 누락되거나 관련 없는 정보의 발견, 요구명세서와의 일치성 검토
- 시스템개발요원, 관리자, 사용자, 외부전문가 참여

2-2) Inspection
- 소프트웨어 구성 요소들의 정확한 평가
- Review보다 엄격, 정형화 됨, Check List 등 사용

2-3) Walk-through

- 비공식적인 검토과정으로서 개발에 참여한 팀들로 구성

3) 품질 보증 절차

3-1) 품질보증 계획수립

- 품질보증 활동계획 수립 및 평가대상 산출물 설정
- 품질보증 프로세스와 기준선 설정

3-2) 소프트웨어 엔지니어링 활동 검토

- 개발활동에 대한 검토
- 산출물을 생산하기 위한 프로세스들의 운용 검토

3-3) 품질 측정 및 평가

- 품질목표에 따라 실제 품질평가 및 측정
- 소프트웨어 감리 및 감사와 연관

3-4) 문서화

- 품질평가에 대한 문서기록

3-5) 승인

- 문서화된 평가결과 승인
- 품질보증 활동에 대한 최고결정권자의 승인

3-6) 보고 및 통보

- 승인된 품질평가의 결과를 개발활동에 반영
- 관련조직 및 관련인원에게 통보

2006년 29번

다음은 각기 다른 사용자그룹이 소프트웨어 제품(Product)을 평가하는 경우에 사용되는 평가모형이 가져야 하는 특성을 열거한 것이다. 틀린 것은?

① 동일 평가자가 동일 사양의 제품을 평가할 때 동일한 결과를 나타내는 반복성(Repeatability)
② 다른 평가자가 동일 사양의 제품을 평가할 때 동일한 결과를 나타내는 재생산성(Reproducibility)
③ 특정 결과에 편향되지 않아야 하는 공평성(Impartiality)
④ 평가결과에 평가자의 전문적 주관이나 의견을 반영하는 주관성 (Subjectivity)

해설 : ④번

- 소프트웨어 제품 평가 모형 특성: 반복성, 재생산성, 공평성, 객관성
- 객관성 Non-Subjectivity : 평가 결과가 평가자의 감정이나 의견에 영향을 받지 않아야 한다.

관련지식

1) **소프트웨어 제품 평가**

- 제품 품질 시험 및 인증 관련 기술은 정량적으로 소프트웨어 제품에 요구되는 품질특성 정의, 개발 중이거나 완성된 제품을 객관성 있고 공정하게 평가하기 위한 방법과 절차 및 사용자 문서의 요구사항 정의 등의 분야로 연구되고 있다.
- 그 대표적인 표준으로 ISO/IEC9126(Information Technology-Software product quality), ISO/IEC 14598(Information Technology- Software product evaluation), ISO/IEC 12119(Information Technology-Software package-Quality requirement and testing) 및 ISO/IEC 9127(User documentation and cover information for software packages)

2) **ISO/IEC9126 제품 평가 특징**

- 기능성 : 적합성, 정확성, 상호운용성, 보안성, 준수성
- 신뢰성 : 성숙성, 오류허용성, 복구성, 준수성
- 사용성 : 이해성, 습득성, 운용성, 친밀성, 준수성
- 효율성 : 시간반응성, 자원효율성, 준수성
- 유지보수성 : 해석성, 변경성, 안정성, 시험성, 준수성
- 이식성 : 적응성, 설치성, 공존성, 대체성, 준수성

2009년 46번

다음 중에서 서로 관련이 없는 항목끼리 짝지어진 것은?

① CMM – SPICE
② COCOMO – FUNCTION POINT
③ McCabe 복잡도 – Halsted 소프트웨어 사이언스
④ ISO 9126 – ISO 11179

● 해설 : ④번

ISO 9126 품질 표준 , ISO 11179 메타테이더 표준

● 관련지식

1) 소프트웨어 프로세스 성숙도 모델

- CMM / CMMi : 미국 카네기 멜론대의 소프트웨어공학연구소(SEI, Software Engineering Institute)에서 소프트웨어 개발과 유지보수에 품질 향상 개념과 프로세스 관리 개념을 적용하여 만든 소프트웨어 프로세스 성숙도 모델
- SPICE : 여러 프로세스 개선모형을 국제표준으로 통합한 ISO의 소프트웨어 프로세스 모형

2) 소프트웨어 개발비 산정

- COCOMO : 시스템을 구성하고 있는 모듈과 서브시스템의 비용합계를 계산하여 시스템의 비용을 산정하는 방식
- Function Point : 정보처리 규모와 기술의 복잡도 요인에 의한 소프트웨어 규모 산정방식
- McCabe 복잡도 : 소프트웨어 특성을 이용하여 간접적으로 규모와 복잡도를 산정하는 방식
- Halstead 소프트웨어 사이언스 : 소프트웨어 규모와 난이도에 대한 척도를 이용하여 개발소요공수 예측모형 제시

3) 표준화

- ISO 9126 : 품질의 특성 및 척도에 대한 표준화
- ISO 11179 : 메타데이터 모델에 대한 표준화

E12. 프로그램

시험출제 요약정리

1) 언어

1-1) 저급 언어
- 기계어나 어셈블리 언어를 의미
- 기계의 특성에 의존하며, 추상화 수준이 낮고, 프로그램 작성과 이해가 어려움
- 거의 사용하지 않음

1-2) 고급 언어
- Fortran, C, Pascal 등의 언어를 의미
- 높은 수준의 추상화를 제공, 이해가 용이한 명령어 사용, 상이한 기계에서 별 수정 없이 실행 가능
- 컴퓨터 시스템은 고급언어를 직접 실행 불가능 → 기계어로 번역하는 과정이 필요

2) 객체 지향형 언어
- 객체에 기반을 둔 언어
- 연관된 모든 연산(method)와 데이터 구조가 객체에 포함되어 정의
- 기본 개념 : 클래스, 계층화, 상속, 다형성
- 객체내의 데이터와 연산이 캡슐화되며, 객체간의 계층이 정의 (상속)
- 프로그램의 수행은 객체들 간의 메시지 교환에 의해 이루어짐
- C++, Smalltalk, Java

3) 자바

3-1) 정의
- 자바 소스코드는 컴파일을 통해 바이트 코드로 번역됨
- 바이트 코드를 실행시키면 바이트 코드 해석기(interpreter)에 의해 기계어 코드가 만들어지면서 이 기계어 코드가 실행됨

3-2) 특징

- 구조중립적(architecture neutral)
- 이식성(portable)이 높음
- 견고함(Robust) - 프로그램 오작동하거나 다운될 가능성 낮음

3-3) 자바가 웹 환경에서 강한 이유

- 자바의 바이트코드가 서버에서 클라이언트로 다운로드되어 실행
- 하나의 바이트코드가 여러 기종의 클라이언트에서 실행
- 웹의 클라이언트/서버 구조 쉽게 적응

4) 코딩원칙

- 광역변수를 사용하지 않는다.
- 하향식으로 읽을 수 있도록 작성한다.
- 부작용을 제거한다.
- 의미 있는 명칭을 사용한다.
- 사람을 위한 프로그램을 작성한다.
- 최적의 자료구조를 사용한다.
- 빨리 하기 보다는 올바르게 한다.

5) DLL 정의

- DLL(동적 연결 라이브러리)은 여러 함수의 공유 라이브러리로 사용되는 실행 파일
- 동적 링크를 사용하여 프로세스에서 해당 프로세스의 실행 코드에 포함되지 않은 함수를 호출
- 여러 개의 응용 프로그램이 메모리에 있는 하나의 DLL 복사본 내용을 동시에 액세스

기출문제 풀이

2004년 45번

아래의 프로그램을 수정하는데 적용된 원칙은 어느 것인가?

수정 전 프로그램	수정 후 프로그램

int a, b, r [X] [Y] ;
⋮
for(a = 1; a <= X; a++)
    for(b = 1; b <= Y; b++)
        r[a-1] [b-1] = (a-1) + (a-b) * (b-a);
⋮
	int a, b, r [X] [Y] ;
	⋮
	for(a = 0; a < X; a++)
	    for(b = 0; b < Y; b++)
	        r[a] [b] = a + (a-b) * (b-a);
	⋮

① 혼돈을 초래하지 않을 변수 명을 선택한다.
② 임시로 사용되는 변수를 없애면 프로그램의 의도가 분명해 진다.
③ 같은 문장이 반복되는 것을 최소화하며 이런 경우 반복구조를 잘 응용한다.
⑤ 프로그램의 판독성을 높이기 위해 정확한 의미를 쉽게 알 수 있도록 작성한다.

● 해설 : ④번

배열 첨자를 단순화해서 코드의 가독성을 높인 것이 특징.

● 관련지식

1) 코딩원칙
- 트릭을 사용하지 않는다.
- 광역변수를 사용하지 않는다.
- 하향식으로 읽을 수 있도록 작성한다.
- 부작용을 제거한다.
- 의미 있는 명칭을 사용한다.
- 사람을 위한 프로그램을 작성한다.
- 최적의 자료구조를 사용한다.
- 빨리 하기 보다는 올바르게 한다.
- 코드를 완성하기 전에 주석을 작성한다.

– 코딩을 시작하기 전에 문서화한다.
– 모든 구성요소를 책상 위에서 실행시켜 본다.
– 코드 검사를 실시한다.
– 비구조적 언어도 사용할 수 있다.
– 구조화된 코드가 반드시 좋은 코드는 아니다.
– 너무 깊이 중첩 시키지 않는다.
– 적절한 언어를 사용한다.
– 프로그래밍 언어를 핑계 삼아서는 안 된다.
– 언어에 대한 지식은 중요하지 않다.
– 프로그램의 체계를 정비한다.
– 코딩을 너무 빨리 시작하지 말아라.

2) **프로그램 개발의 원칙들**

– 효과적인 프로그램 개발을 위해서는 개발과정에서 다음과 같은 원칙들에 대한 평가가 지속적으로 이루어져야 한다.
  * 프로그램이 객관적 사실에 근거하여 합리적으로 계획되어 있는가?
  * 지역사회 및 개개인들에게 실제적인 도움이 되는가?
  * 지역사회 및 개개인의 긴급한 욕구나 문제에 대응하는 프로그램인가?
  * 같은 지역사회 내에 유사한 프로그램이 중복 실행되고 있지는 않은가?
  * 프로그램에 동원될 수 있는 인적 · 물적 자원에 대한 조사는 충분했는가?

2005년 26번

다음은 모듈들을 깊이 우선(Depth First) 방법으로 통합하여 시험하고자 한다. 올바른 순서는?

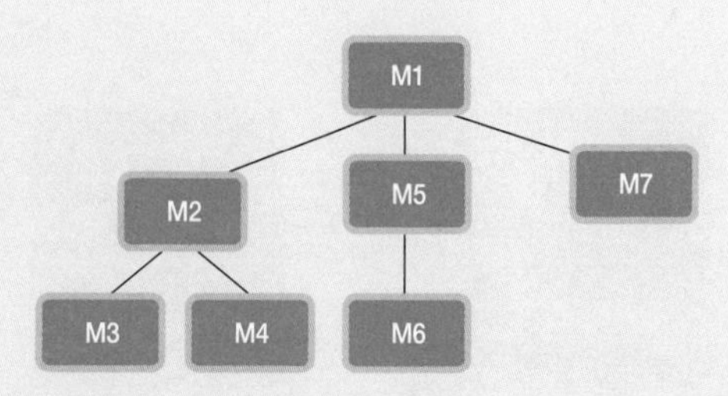

① M1, M2, M3, M4, M5, M6, M7
② M1, M2, M5, M7, M3, M4, M6
③ M3, M4, M2, M6, M5, M7, M1
④ M3, M4, M6, M2, M5, M7, M1

해설 : ①번

2번은 넓이 우선 방법

관련지식

1) 깊이 우선 탐색 (DFS: Depth First Search)

- 무방향 그래프 G(V,E)에서 시작 정점 V를 결정하여 방문한 후 V에 인접한 정점들 중에 아직 방문하지 않은 정점을 선택하여 방문하는 방법으로 반복적으로 수행
  (1) 출발 정점 v를 방문
  (2) v에 인접하고 방문하지 않은 한 정점 w를 선택
  (3) w를 시작점으로 다시 깊이 우선 탐색 시작
  (4) 모든 인접 정점을 방문한 정점 u에 도달하면, 최근에 방문한 정점 중 아직 방문 하지 않은 정점 w와 인접하고 있는 정점으로 되돌아감
  (5) 정점 w로부터 다시 깊이 우선 탐색 시작
  (6) 방문이 된 정점들로부터 방문이 안된 정점으로 더 이상 갈 수 없을 때 종료

2) 너비 우선 탐색 (BFS: Breadth First Search)

- 무방향 그래프 G(V,E)에서 시작하여 정점 V를 방문한 후에 V에 인접한 아직 방문하지 않은 모든 정점을 방문한 뒤, 다시 이 정점에 인접하면서 방문하지 않은 모든 정점들에 대해 너비 우선 검색을 반복적으로 수행
  (1) 시작 정점 v를 방문
  (2) v에 인접한 모든 정점들을 방문
  (3) 새롭게 방문한 정점들에 인접하면서 아직 방문하지 못한 정점들을 방문

2005년 27번

다음은 클래스의 집단화(aggregation) 관계를 표현한 그림이다. Class1의 Java 코드가 맞는 것은?

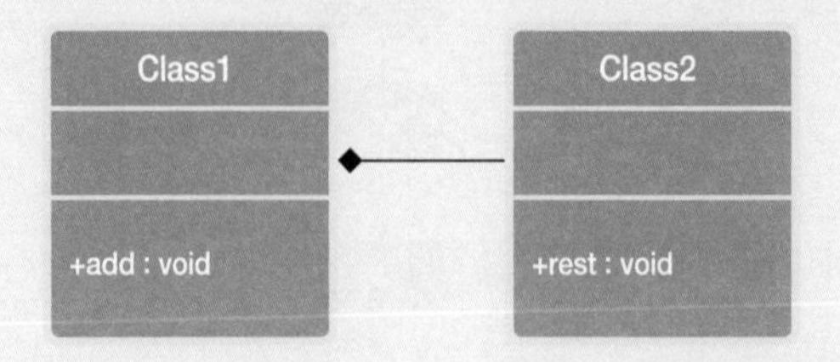

①
```
public class Class1 {
      public void add ( ) { }
  }
```

②
```
public class Class1 extend Class2{
  public void add ( ) { }
  public void reset ( ) { }
   }
```

③
```
public class Class1 {
  public void add ( ) { }
  private Class2 LnkClass2;
   }
```

④
```
public class Class1 extend Class2{
  public void add ( ) { }
  private Class2 LnkClass2;
   }
```

해설 : ③번

Class1에서 Class2 호출

관련지식

1) Class diagram relationship
 - dependency, generalization, association

2) 상세 설명
 - 클래스(class): 공통된 구조와 행동을 가진 객체들의 개념적인 집합체. 시스템 내부에 존재하는 클래스들을 선별하여 나타내고 각 클래스들의 속성(Attribute)과 행위(Behavior)를 기입한다.
 - 연관관계(Association): 클래스와 클래스가 어떠한 연관을 가지고 있음을 나타냄 (복합연관(Composition) 과 집합 연관관계 (Aggregation) 등으로 나뉘어 짐
 - 상속관계(Generalization)가 나타날 수 있다.
 - 의존관계(Dependency)가 나타날 수 있다.
 - 일반화(Generalization; 상속관계)에 의해 도출된 클래스들 사이의 관계를 나타냄

2005년 31번

DLL(Dynamic Link Library)의 특징에 대한 설명 중 틀린 것은?

① DLL이 수정됨에 따라 전체 어플리케이션이 영향을 받는다.
② 어플리케이션을 소규모로 모듈화하여 실행 가능한 파일들로 분리시키는 것을 촉진시킨다.
③ DLL은 필요시 적재되기 때문에 메모리 효율이 좋다.
④ 다수의 어플리케이션이 동일한 DLL을 공동으로 활용할 수 있다.

해설 : ①번

- DLL은 독자적으로 실행되지는 못하지만 exe 파일을 실해하는데 도움을 주는 파일이다.
- DLL은 여러 프로그램에서 공통적으로 사용하는 기능을 한데 모아놓은 것으로 런타임 모듈(Run Time Module)이라고 불리기도 한다.
- DLL의 의미는 라이브러리가 응용 프로그램과 상관 없이 새로 고쳐 질 수 있으며, 많은 응용 프로그램의 하나의 DLL을 공유할 수 있다는 것을 의미

관련지식

1) DLL 정의

- DLL(동적 연결 라이브러리)은 여러 함수의 공유 라이브러리로 사용되는 실행 파일
- 동적 링크를 사용하여 프로세스에서 해당 프로세스의 실행 코드에 포함되지 않은 함수를 호출
- 여러 개의 응용 프로그램이 메모리에 있는 하나의 DLL 복사본 내용을 동시에 액세스

2) DLL의 장점

- 메모리를 절약하고 스와핑을 줄여줌. 여러 프로세스가 메모리에 있는 하나의 DLL 복사본을 공유하여 하나의 DLL을 동시에 사용 가능. 반면, 정적 연결 라이브러리를 사용하여 빌드된 응용 프로그램의 경우 Windows는 각 응용 프로그램에 대해 하나의 라이브러리 코드 복사본을 메모리에 로드
- 디스크 공간을 절약. 여러 응용 프로그램이 디스크에 있는 하나의 DLL 복사본을 공유. 반면, 정적 연결 라이브러리를 사용하여 빌드된 응용 프로그램의 경우에는 각 응용 프로그램마다 별도의 복사본으로서 실행 가능한 이미지에 링크되는 라이브러리 코드가 존재
- DLL을 보다 쉽게 업그레이드 가능. DLL의 함수가 변경되어도 이 함수의 인수 및 반환 값이 변경되지 않았으면 그 함수를 사용하는 응용 프로그램은 다시 컴파일 하거나 링크할 필요가 없음. 반면, 정적으로 링크되는 개체 코드의 경우에는 함수가 변경되면 응용 프로그램을 다

시 링크함.

- 언어 형식이 다른 여러 프로그램을 지원. 서로 다른 프로그래밍 언어로 작성된 프로그램인 경우에도 함수의 호출 규칙을 따르기만 하면 여러 프로그램에서 동일한 DLL 함수를 호출. 이 경우 각 프로그램과 DLL 함수는 여러 가지 면(스택에 해당 함수의 인수가 들어가는 순서, 스택을 정리하는 것이 함수인지 응용 프로그램인지의 여부 및 인수가 레지스터에 전달되는지의 여부)되어 호환됨.

2009년 36번

아래 그림은 java.io 패키지 중 일부 클래스의 관계를 보여준다. 파일 'text.txt'를 버퍼링하여 읽어 들인 후 각 줄의 앞에 줄 번호를 덧붙이기 위한 객체 생성 문장은?

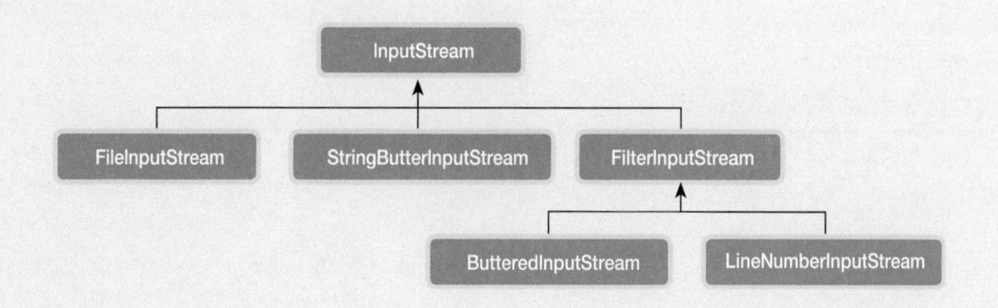

① InputStream in = new FileInputStream(new BufferedInputStream(new LineNumber InputStream("test.txt")));
② InputStream in = new BufferedInputStream (new FileInputStream (new LineNumber InputStream("test.txt")));
③ InputStream in = new BufferedInputStream (new LineNumber InputStream(new FileInputStream ("test.txt")));
④ InputStream in = new LineNumber InputStream (new BufferedInputStream(new FileInputStream ("test.txt")));

해설 : ④번

- 파일을 버퍼링 하여 읽은 후 앞줄에 번호 표시 → (번호표시(버퍼링(New FileinputStream("text.txt"))))

관련지식

1) 클래스 다이어그램
- Class diagram의 경우 여러 가지 객체들의 타입, 즉 클래스들을 표현하고 그 클래스들의 정적인 관계(associated, dependent, specialized, packaged)를 표현한다. 이러한 정적인 요소는 시스템의 life cycle과 수명을 같이하며 하나의 시스템은 여러 개의 class diagram으로 표현이 가능하다.

2) 문법설명
- Car c = new Car( );
1. 연산자 new에 의해서 메모리(heap)에 Car클래스의 인스턴스가 생성된다.

2. 생성자 Car( )가 호출되어 수행된다.

3. 연산자 new의 결과로, 생성된 Car인스턴스의 주소가 반환되어 참조변수 c에 저장된다.

Car c = new Car(); c.color = "white" ; c.gearType = "auto" ; c.door = 4	Car c = new Car("white","auto",4) ;

2010년 37번

다음은 C 함수 부프로그램이 가지고 있는 보안 취약점은?

```
Void myfunction(char *data) {
        Char result [100] ;
        Int nvar = 123 ;
        Strcpy(result, data) ;
        Return(result) ;
}
```

① Buffer Overflow.
② Trapdoor
③ Trajan Horse
⑤ Spyware

해설 : ①번

Buffer Overflow 공격은 C 프로그래밍 언어가 기반을 제공하고, 거기에 저급의 프로그래밍 기술이 취약점을 제공하기 때문에 발생

관련지식

1) Buffer Overflow

- 프로그램이나 프로세스가 원래 설계된 것보다 더 많은 량의 데이터를 버퍼에 넣으려는 시도를 했을 때 발생. 버퍼는 유한한 량의 데이터를 저장하도록 설계되어 있기 때문에 그보다 더 많은 량의 정보가 들어오게 되면, 여분의 데이터는 인접한 다른 버퍼로 흘러 들어가거나, 버퍼 내에 저장되어 있던 다른 유효한 데이터를 망가뜨리거나 또는 그 위에 겹쳐 써지는 등의 부작용이 일어남.
- 이러한 일들은 대개 프로그램 에러에 의해 발생하는 것이 보통이지만, 버퍼 넘침이 점차 데이터 무결성에 대한 보안공격의 대표적인 한 형태
- 버퍼 넘침 공격에서는 여분의 데이터에 특정한 행위를 유발시키도록 설계된 코드를 포함시켜, 공격 대상 컴퓨터에 새로운 명령어를 보냄으로써, 사용자 파일에 손상을 입히거나, 데이터를 변경하거나 비밀 정보를 노출 시키는 등의 일을 벌이는 것이 가능
- 버퍼 넘침 공격은 C 프로그래밍 언어가 기반을 제공하고, 거기에 저급의 프로그래밍 기술이 취약점을 제공하기 때문에 발생

- 버퍼 오버플로우는 보통 문자들의 문자열인 일련의 값들을 고정된 길이를 갖는 버퍼에 작성하고 적어도 한 값을 버퍼의 경계 외부(보통 버퍼 경계를 넘어선다)에 작성할 때 일어남.
- 버퍼 오버플로우는 사용자로부터의 입력을 버퍼내로 읽어 들일 때 일어날 수 있지만 또한 프로그램 내에서 다른 종류의 프로세싱 동안에 일어날 수도 있음.

2) Trapdoor
- OS나 대형 응용 프로그램을 개발하면서 전체 시험실행을 할 때 발견되는 오류를 쉽게 하거나 처음부터 중간에 내용을 볼 수 있는 부정루틴을 삽입해 컴퓨터의 정비나 유지보수를 핑계 삼아 컴퓨터 내부의 자료를 뽑아 가는 행위

3) Trajan Horse
- 자기 복사 능력은 없이 고의적인 부작용만 가지고 있는 프로그램
- 트로이 목마 프로그램은 고의적으로 포함되었다는 점에서 프로그래머의 실수인 버그와는 다르며, 자기 자신을 다른 파일에 복사하지 않는다는 점에서 컴퓨터 바이러스와 구별.
- 따라서 어떤 프로그램을 실행시켰을 때 하드디스크의 파일을 지우지만 다른 프로그램에 복사되지 않으면 이것은 컴퓨터 바이러스가 아니라 트로이 목마 프로그램

4) Spyware
- 스파이웨어란 일반적으로, 어떤 사람이나 조직에 관한 정보를 수집하는데 도움을 주는 기술.
- 인터넷에서 사용되는 스파이웨어는, 어떤 사용자에 관한 정보를 수집하여 광고업체나 또는 관심 있는 사람들에게 넘기기 위해 누군가의 컴퓨터에 비밀리에 잠입하는 프로그램.
- 스파이웨어는 일반적으로 먼저 사용자의 적절한 동의 없이 광고를 표시하거나, 개인 정보를 수집하거나 컴퓨터의 구성을 변경하는 등 특정 동작을 수행하는 소프트웨어를 말함

2010년 39번

다음 중 전자정부 웹 호환성 준수지침 (행정안전부 웹 표준 준수지침 고시 제 2009-185호)에서 웹 페이지 화면의 디자인 요소 구현에 권장하는 표준은?

① W3C HTML 4.01
② W3C XHTML 1.0, 1.1
③ W3C CSS 2.1
④ W3C DOM Level 2, Level 3

해설 : ③번

행정안전부 웹 표준 준수지침으로 웹페이지 화면의 디자인 요소는 W3C CSS 2.1 표준 문법을 준수

관련지식

1) 행정기관의 장이 준수해야 하는 사항

제5조(웹호환성의 확보)

1. 웹페이지는 다음 각 목에 따라 표준 문법으로 구현하여야 한다.
   가. 웹페이지는 문서타입을 반드시 선언하고, 선언한 문서타입에 해당하는 문법으로 구현하여야 한다. 이 경우 문서타입의 선언방법은 붙임1을 따른다.
   나. 문자 인코딩 방식은 EUC-KR 또는 UTF-8 중 하나를 지정하여 선언하여야 한다.
   다. 기타 W3C HTML 4.01 또는 W3C XHTML 1.0, 1.1에서 정한 표준 문법으로 구현하여야 한다.
2. 웹페이지 화면의 디자인 요소는 W3C CSS 2.1 표준 문법을 준수하여야 한다.
3. 웹페이지의 동적 기능을 제어하기 위하여 W3C DOM Level 2, Level 3 및 ECMA-International ECMA26번2 3rd의 표준 문법을 준수하여야 한다.
4. 액티브 엑스(Active-X) 등 특정 브라우저용 내장프로그램을 사용하는 경우 타 브라우저를 지원하기 위한 방안을 함께 마련하여야 한다. 다만 기술적 제약이 있을 경우에는 예외로 한다.

2) 웹 호환성 진단표

1. 표준 (X)HTML 문법 준수 여부	• DTD 선언 여부 확인 • 인코딩 방식 선언 여부 확인 • Validator에서 오류 개수 확인 및 오류 발생비율에 따라 평가 – 오류발생비율 = 오류 수 / 페이지의 닫힌 태그 수 ※ 오류발생비율에 따라 배점 차등화

2. 표준 CSS 문법 준수 여부	• W3C CSS Validator를 이용하여 해당 페이지에 CSS 오류 발생여부 진단 (CSS 2.1 기준)
3. 표준 Script 문법 및 DOM 준수 여부	• 브라우저 부가기능을 이용해서 해당 페이지내 사용된 Javascript의 오류 및 경고 발생여부 진단 – IE : Developer Tools – Firefox : Error Console / Firebug – Safari : Debugging Menu – Opera : Javascript Console
4. 정보서비스의 웹호환성 확보 여부	• 최소 3종의 브라우저에서 동등한 레이아웃 및 기능 구현 여부확인

2010년 40번

사용자 인터페이스 설계에서 배타적(exclusive)선택이란 여러 선택사항에서 단 하나의 선택사항만을 선택할 수 있는데 이런 경우 어떤 메뉴 형식을 이용하는 것이 가장 적절한가?

① Spin-box 메뉴
② Drop-down 메뉴
③ Check-box 메뉴
⑥ Radio-button 메뉴

해설 : ④번

배타적 선택시 Radio-button을 사용

관련지식

1) 메뉴 시스템 설계 시 고려 사항
- 메뉴 구조와 작업 구조가 일치하는 것이 좋음
- 메뉴 계층의 넓이를 감수하더라도 깊이는 최소화시켜야 함
- 선택 메뉴는 수직으로 주어지는 것이 좋음 → 일반적으로 화면상의 텍스트 메뉴가 수직으로 되어있을 경우 찾기가 쉬움
- 사용자의 경험 수준과 제공되는 입력 장치에 의존해야 함
- 논리적이고 상호 배타적인 의미의 명확한 범주를 정해야 함 → 다소 메뉴 항목의 크기가 길어지더라도 사용자에게 그 메뉴 항목을 선택하였을 때 무엇을 얻게 되는지에 관한 분명한 사전 지식을 갖게 하는 것이 바람직함
- 가능하면 디폴트(default)값을 제시하는 것이 좋음 → 사용자가 메뉴 항목을 찾는 수고를 덜어줄 뿐만 아니라 디폴트 값이 사용자가 원하는 상황에 부합되는 경우 입력하는 수고를 덜어줄 수 있음
- 메뉴 항목 이름은 간결하고 위치 면에서 일관성이 있어야 함 → 메뉴 항목의 각 이름은 공통적인 구조를 가지는 것이 사용자가 이해하는데 도움이 됨

2) 사용자 인터페이스 종류
- Spin-box 메뉴 : 텍스트박스에 업/다운 컨트롤을 조합한 것으로 직접 값을 입력하거나 버튼을 눌러 입력할 수 있는 컨트롤
- Drop-down 메뉴 : 리스트 박스를 통해 선택하게 해야 할 경우로 주로 공간이 부족할 때 사용함

- Check-box 메뉴 : 항목을 On/Off 시킬 때 사용함. 항목의 수는 2~8개가 적당하며 키보드를 통해 항목간 이동 및 선택이 가능해야 함
- Radio-button 메뉴 : 서로 배타적인 항목 중 한 개만 선택할 수 있도록 해 줌. 항목이 고정적이고 항목 수는 2~8개가 적당함. 항목 중 하나를 디폴트로 제공하며 레벨은 가능한 한 줄로 하는 것이 좋음. 수평 정렬보다는 수직 정렬이 바람직함
- 스크롤 바 : 표시한 윈도우 영역보다 더 많은 정보를 표시할 때 사용함. 주어진 영역에서 무제한의 데이터를 보여줄 수 있으며 좌,우 또는 상,하 스크롤 바가 있음

E13. 프로세스 표준

시험출제 요약정리

1) 제품 표준과 프로세스 관점의 표준

- 제품 관점의 표준 : ISO/IEC 9126, ISO/IEC 14598, ISO/IEC 12119, ISO/IEC 25000 (제품 관점 표준은 국제 표준에서 별도로 설명)
- 프로세스 관점의 국제 표준 : ISO 9000-3, ISO/IEC 12207, ISO/IEC 15504(SPICE), CMMI

2) ISO 9000-3

- 국제 표준화 기구 기술위원회에서 제정한 품질 경영과 품질 보증에 관한 국제규격
- 통상 활동을 원활히 하기 위해 ISO에서 제정한 공급자와 구매자 사이의 품질경영과 품질 보증에 관한 기준
- 소프트웨어의 개발, 공급, 유지보수에 대하여 ISO 9001을 적용한 모델 (ISO 9001을 소프트웨어 산업에 적용한 모델)

3) ISO/IEC 12207

- 소프트웨어 프로세스에 대한 표준화
- 체계적인 소프트웨어 획득, 공급, 개발, 운영 및 유지보수를 위해서 소프트웨어 생명주기 공정(SDLC Process) 표준을 제공함으로써 소프트웨어 실무자들이 개발 및 관리에 동일한 언어로 의사소통할 수 있는 기본틀을 제공하기 위한 프로세스

4) SPICE(ISO/IEC 15504)

4-1) SPICE(ISO/IEC 15504) 개요

- 여러 프로세스 개선모형을 국제표준으로 통합한 ISO의 소프트웨어 프로세스 모형
- SEI의 CMM, Bell의 TRILLIUM, Esprit의 BootStrap 등의 통합
- 소프트웨어 프로세스에 대한 개선 및 능력 측정 기준
- SPICE(ISO/IEC 15504)는 ISO/IEC 12207의 기본 구조에 맞추어 개발됨.

4-2) SPICE의 2차원 평가 모델

가) 프로세스 차원 (Process Dimension)

- 5개의 프로세스 카테고리와 40개 세부 프로세스로 구성

- ISO 12207의 소프트웨어 생명주기 프로세스를 기반으로 함
- 각 프로세스별로 목적을 달성하기 위한 기준이 제시됨

나) 프로세스 수행능력 차원 (Process Capability Dimension)

- Organization Unit(OU:수행조직 단위)이 특정 프로세스를 달성하거나 혹은 달성 목표로 가능한 능력 수준
- 0~5까지의 6개의 Capability Level로 구성됨

4-3) 프로세스 수행 능력 차원 6단계

- 불안정 단계 (0) : 미구현 또는 목표 미달성
- 수행 단계 (1): 프로세스의 수행 및 목적달성

5) CMM/CMMI

5-1) CMM 정의

- 미국 카네기 멜론대의 소프트웨어공학연구소(SEI, Software Engineering Institute)에서 소프트웨어 개발과 유지보수에 품질 향상 개념과 프로세스 관리 개념을 적용하여 만든 소프트웨어 프로세스 성숙도 모델

5-2) 특징

- 각 핵심 프로세스 영역의 범위, 경계 그리고 목적 의미
- 프로젝트가 핵심 프로세스 영역을 효과적으로 이행하고 있는지를 결정하기 위해 사용
- 핵심 프로세스 영역을 이행하기 위한 대안들을 심사하고 평가할 때 사용
- 대안들이 핵심 프로세스 영역의 목적을 충족시키는지 결정하는데 사용

5-3) CMM의 핵심 프로세스 영역

가) 2 레벨

- 소프트웨어 구성관리(CM), 소프트웨어 품질보증(SQA),소프트웨어 협력업체 관리(SSM), 소프트웨어 프로젝트 추적과 감독(SPTO), 소프트웨어 프로젝트 계획 수립(SPP), 요구사항 관리 (RM)

나) 3레벨

- 동료 검토(PR), 그룹간 조정(IC), 소프트웨어 개발 활동(SPE), 통합된 S/W 관리(ISM), 교육 프로그램(TP), 조직 프로세스 정의(OPD), 조직 프로세스 중점관리(OPF)

다) 4레벨

- S/W 품질 관리(SQM), 정량적인 프로세스 관리(QPM)

라) 5레벨

- 프로세스 변화 관리(PCM), 기술 변화 관리(TCM), 결함 예방(DP)

기출문제 풀이

2004년 31번

SPICE(ISO/IEC 15504)를 기반으로 프로세스를 심사하려고 한다. 프로세스의 속성이 80%정도 만족할 때 다음 중 어떤 등급을 부여하는 것이 가장 적당한가?

① Not achieved ② Partially achieved
③ Largely achieved ④ Fully achieved

해설 : ③번

F : Fully achieved 정의상태를 완전히 성취함 (완전히, 86%~100%) , L : Largely achieved 정의상태를 명백히 성취함 (상당히, 51%~85%), P : Partially achieved 정의상태를 약간 성취함 (부분적, 16%~50%), N : Not achieved 정의상태의 성취근거 없음 (없음, ~15%)

관련지식

1) SPICE(ISO/IEC 15504) 개요
- 여러 프로세스 개선모형을 국제표준으로 통합한 ISO의 소프트웨어 프로세스 모형
- SEI의 CMM, Bell의 TRILLIUM, Esprit의 BootStrap 등의 통합
- 소프트웨어 프로세스에 대한 개선 및 능력 측정 기준
- SPICE(ISO/IEC 15504)는 ISO/IEC 12207의 기본 구조에 맞추어 개발됨.

2) SPICE의 2차원 평가 모델

2-1) 프로세스 차원 (Process Dimension)
- 5개의 프로세스 카테고리와 40개 세부 프로세스로 구성
- ISO 12207의 소프트웨어 생명주기 프로세스를 기반으로 함
- 각 프로세스별로 목적을 달성하기 위한 기준이 제시됨

2-2) 프로세스 수행능력 차원 (Process Capability Dimension)
- Organization Unit(OU:수행조직 단위)이 특정 프로세스를 달성하거나 혹은 달성 목표로 가능한 능력 수준
- 0~5까지의 6개의 Capability Level로 구성됨

3) 프로세스 수행 능력 차원 6단계

- 불안정 단계 (0) : 미구현 또는 목표 미달성
- 수행 단계 (1): 프로세스의 수행 및 목적달성
- 관리단계 (2) : 프로세스 수행 계획 및 관리
- 확립단계 (3) : 표준 프로세스의 사용
- 예측단계 (4): 프로세스의 정량적 이해 및 통계
- 최적화단계 (5) : 프로세스의 지속적인 개선

2004년 50번

CMM 수준2(Repeatable Level)의 핵심 프로세스 영역이 아닌 것은?

① 요구사항관리 (Requirement Management)
② 소프트웨어 프로젝트계획 (Software Project Planning)
③ 조직 프로세스 정의 (Organization Process Definition)
④ 소프트웨어 품질보증 (Software Quality Assurance)

해설 : ③번

레벨 2의 특징은 프로젝트 관리를 철저히 한다는 점입니다. 따라서 요구사항관리, 형상관리, 품질 보증에 치중. 레벨 3은 조직 관점, 프로젝트 통합 관점

관련지식

1) CMM 정의

- 미국 카네기 멜론대의 소프트웨어공학연구소(SEI, Software Engineering Institute)에서 소프트웨어 개발과 유지보수에 품질 향상 개념과 프로세스 관리 개념을 적용하여 만든 소프트웨어 프로세스 성숙도 모델

2) CMM의 특징

- 각 핵심 프로세스 영역의 범위, 경계 그리고 목적 의미
- 프로젝트가 핵심 프로세스 영역을 효과적으로 이행하고 있는지를 결정하기 위해 사용
- 핵심 프로세스 영역을 이행하기 위한 대안들을 심사하고 평가할 때 사용
- 대안들이 핵심 프로세스 영역의 목적을 충족시키는지 결정하는데 사용

3) CMM의 핵심 프로세스 영역

3-1) 2 레벨

- 소프트웨어 구성관리(CM)
- 소프트웨어 품질보증(SQA)
- 소프트웨어 협력업체 관리(SSM)
- 소프트웨어 프로젝트 추적과 감독(SPTO)
- 소프트웨어 프로젝트 계획 수립(SPP)
- 요구사항 관리 (RM)

3-2) 3레벨

- 동료 검토(PR)
- 그룹간 조정(IC)
- 소프트웨어 개발 활동(SPE)
- 통합된 S/W 관리(ISM)
- 교육 프로그램(TP)
- 조직 프로세스 정의(OPD)
- 조직 프로세스 중점관리(OPF)

3-3) 4레벨

- S/W 품질 관리(SQM)
- 정량적인 프로세스 관리(QPM)

3-4) 5레벨

- 프로세스 변화 관리(PCM)
- 기술 변화 관리(TCM)
- 결함 예방(DP)

2005년 29번

다음 중 프로세스 성숙도 수준을 정의하기 위한 CMM의 단계별 순서가 맞는 것은?

① Initial–Defined–Repeatable–Optimizing–Managed
② Initial–Repeatable–Managed–Defined–Optimizing
③ Initial–Defined–Optimizing–Repeatable–Managed
④ Initial–Repeatable–Defined–Managed–Optimizing

해설 : ④번

초기, 반복, 정의, 관리, 최적화 단계

관련지식

1) CMM의 성숙도 단계

- 제1단계 : 초기(Initial) : 프로세스가 거의 정의되어 있지 않으며 개인적 노력에 의한 성과에 의존
- 제2단계 : 반복(Repeatable) : 같은 프로세스를 반복적으로 실행, 기본적인 프로세스 관리 가능
- 제3단계 : 정의(Defined) : 프로세스의 작업이 정의되고 프로젝트 관리도 실행되는 상태, 프로세스의 문서화, 표준화, 정성적 관리
- 제4단계 : 관리(Managed) : 프로세스를 분석하고 수정함으로써, 품질개선, 프로세스 개선이 가능한 상태, 정량적 관리
- 제5단계 : 최적화(Optimizing) : 질적, 양적으로 계속적인 개선이 이루어지는 상태, 프로세스의 자동화 가능

2) CMM의 구성 요소

2-1)성숙도 단계(Maturity levels)

- 성숙한 소프트웨어 프로세스 향상 달성을 위해 정의되고 발전된 안정 상태
- 5개의 성숙도 단계들은 프로세스 향상 평가 모델의 상위 수준의 구조 제공

2-2) 프로세스 능력(Process Capability)

- 핵심 프로세스 영역의 소프트웨어 프로세스 향상에 의해 달성될 수 있는 기대 결과들의 범위

2-3) **핵심 프로세스 영역**(Key Process Areas)

- 각 성숙도 단계는 핵심 프로세스 영역으로 구성

2-4) **목표**(Goals)

- 각 핵심 프로세스 영역의 범위, 경계, 목적 기술

2-5) **공통 특성**(Common Features)

- 실행을 위한 공약, 실행을 위한 능력, 실행 활동, 측정 및 분석, 실행 검증으로 구성
- 핵심 프로세스 영역을 가리키는 속성

2-6) **핵심 프랙티스**(Key Practices)

- 핵심 프로세스 영역의 효과적인 이행과 제도화에 기여하는 하부구조 • 활동 기술

2005년 39번

CMM과 SPICE에 관한 설명 중 맞는 것은?

① SPICE와 CMM의 평가 레벨은 다섯 단계로 같다.
② SPICE는 조직에 대한 평가이다.
③ CMM은 1차원적인 구조를 가지고 있는 평가모형이다.
④ CMM이나 SPICE의 결과는 ISO와 같은 인증을 목표로 한다.

해설 : ③번

- SPICE는 6 단계
- SPICE는 소프트웨어 프로세스 평가
- CMM는 1차원 구조, SPICE는 2차원 구조
- CMM는 산업 표준, SPICE는 ISO

관련지식

1) SPICE의 개념
- 참조모형과 심사모형으로 나뉘어지는데 참조모형은 소프트웨어 심사를 위한 틀(프로세스 차원, 능력 차원)을 제공하고 심사모형(능력수준)은 그 틀에 호환되는 실제 심사에 사용되는 모델을 의미한다.

2) SPICE 측정 방법
- 2차원의 평가 모델(프로세스 차원, 프로세스 능력 차원), ISO12207 활용

3) SPICE의 레벨
- SPICE : Incomplete- Performed -Managed -Established -Predictable -Optimizing
- 수준 1 : Performed (실행 및 목표 달성) : 프로세스가 그 정의된 목적을 달성한다. 그러나 활동(activity)이 계획되거나 추적되지 않는다.
- 수준 2 : Managed (수행 계획 및 관리 능력) : 미리 정의 된 시간, 자원 한도 내에서 프로세스가 관리되어 작업 산출물을 생산한다.
- 수준 3 : Established (표준 프로세스의 사용) : 소프트웨어 공학 원칙(Principles)에 기반하여 조직전체에 표준화된 프로세스가 존재하며 모든 프로젝트는 표준화된 프로세스의 동의 및 조정을 거쳐 구현됨.
- 수준 4 : Predictable (프로세스의 정량적 이해 및 통제) : 프로세스 목적달성을 위해 프로세스의 수행에 대한 정량적인 데이터가 분석되어 그것에 따라 프로세스가 통제되면서 일관되게 수행된다.
- 수준 5 : Optimizing (프로세스의 최적화를 목표로 한 지속적인 개선) : 정량적인 프로세스 수행 데이터를 분석하여 프로세스 수행을 최적화하고, 계속적으로 업무 목적을 만족시킨다.

2005년 42번

SPICE 심사모형의 심사절차로 올바른 것은?

① 심사준비–심사팀구성–예비심사–문서심사–현장심사–결과보고
② 심사준비–심사팀구성–문서심사–예비심사–현장심사–결과보고
③ 심사준비–심사팀구성–예비심사–현장심사–문서심사–결과보고
④ 심사준비–심사팀구성–현장심사–예비심사–문서심사–결과보고

해설 : ①번

심사준비, 심사팀구성, 예비심사 후 문서 심사, 현장 실사, 결과 보고의 순으로 이루어짐

관련지식

1) ISO/IEC 15504
- 소프트웨어 프로세스 심사(assessment)를 위한 framework 제공
- 소프트웨어를 획득, 공급, 개발, 운영, 유지보수 및 지원하는 조직에 의해 사용될 수 있음
- ISO/IEC 15504는 프로세스 능력의 인증(certification)/등록(registration)을 목적으로 하지 않음

2) 프로세스 심사 프레임워크는
- Self-assessment를 장려하고
- 프로세스의 관리가 잘 되고 있는지를 확인하며
- 프로세스 프로젝트의 상황(context)을 고려하여
- Pass/fail이 아니라 프로세스 능력 수준(rating)을 생성하고
- 모든 응용분야 및 조직 규모에 걸쳐 사용될 수 있음

3) 심사절차

3-1) 심사 계획
- 심사 입력, 심사 시 수행될 활동, 자원 및 일정, 심사원 선정 및 책임 할당, Part 3의 요구사항 수행에 대한 검증 기준, 심사 결과물(output)에 대한 설명 등이 필수적으로 포함되어야 함

3-2) 데이터 수집
- 심사 범위 내의 프로세스 평가에 필요한 데이터는 체계적으로 수집되어야 함.

- 데이터의 선정/수집/분석과 수준 판정을 justification을 위한 전략 및 기법은
- 명시적으로 식별되고 보여줄 수 있어야 함
- 심사대상 프로세스와 Part 2의 프로세스와 관계를 보여주어야 함
- 각 프로세스는 객관적 증거를 바탕으로 심사되어야 함
- 각 프로세스의 PA 을 위해 수집된 객관적 증거는 심사 목적과 범위에 맞게 충분하여야 함
- 수준의 검증을 위한 기초로 제공하기 위해 객관적 증거(지표에 기반한)는 기록되고 유지되어야 함

3-3) 데이터 확인

- 수집된 데이터는 확인되어야 함. 확인된 데이터가 심사 범위를 충분히 커버함을 보장할 수 있는 조치를 취해야 함

3-4) 프로세스 rating

- 각 프로세스 속성(PA)은 확인된 데이터에 근거하여 rating되어야 함
- rating의 결과는 프로세스 프로파일로서 기록됨
- rating을 수행하는 심사원의 판단을 돕고 심사에서 반복성을 유지하기 위해
- 호환 모형에서 정의된 심사 지표를 사용함
- rating 을 위한 의사결정 프로세스(즉 심사팀의 consensus나 다수결 투표)는 기록되어야 함

2005년 49번

CMM의 5단계 성숙도 중 소프트웨어 프로세스의 품질과 Capability의 정량적 평가 수행에 의한 전체적 관리를 하는 것은?

①Optimizing ②Managed ③Repeatable ④Defined

해설 : ②번

4단계인 Managed 단계에서는 프로세스와 성과를 측정하여 전체적인 관리 수행

관련지식

1) CMM의 5단계 레벨 설명 (2005년 29번 참조)

- Initial : 소프트웨어를 개발하고 있으나 관리를 하고 있지 않는 상태
- Repeatable : 이전 성공적인 프로젝트의 프로세스를 반복하고 있는 상태
- Defined : 프로세스의 문서화, 표준화; 정성적 관리
- Managed : 프로세스 성과를 측정/분석해 개선시키고,관리하고 있는 상태(정량적 관리)
- Optimized : 질적, 양적으로 지속적인 프로세스 개선이 이루어지고 있는 상태

2006년 34번

조직의 CMMI 성숙도를 단계적으로 표현할 때 "level 2"로 인정받기 위해 필요한 것이 아닌 것은?

① 프로젝트 계획(Project Planning)
② 프로젝트 모니터링 및 제어(Project Monitoring and Control)
③ 형상관리(Configuration Management)
④ 위험관리(Risk Management)

● 해설 : ④번

위험 관리는 Level 3에 해당

● 관련지식

1) CMMI의 개념

- 미국 카네기 멜론대의 소프트웨어공학연구소(SEI, Software Engineering Institute)에서 소프트웨어 개발과 유지보수에 품질 향상 개념과 프로세스 관리 개념을 적용하여 만든 소프트웨어 프로세스 성숙도 모델
- CMMI는 여러 CMM 모델의 가장 효과적인 특성 및 공통 요소를 포함하면서, 이들이 지원하는 분야에서 공통적으로 사용될 수 있는 용어 및 교육을 제공하며, 또한 통합된 평가 방법(SCAMPI)을 제공

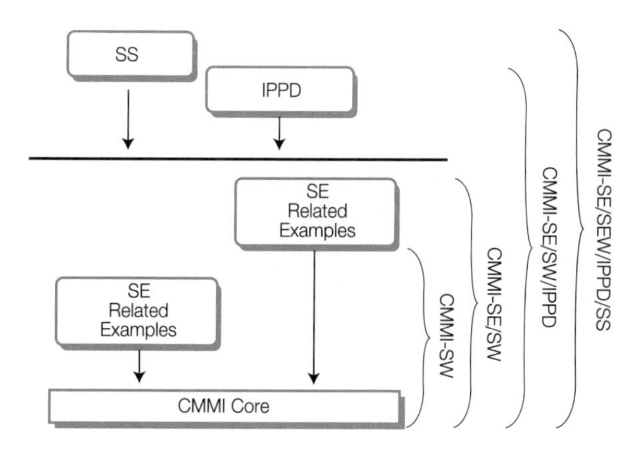

- SW-CMM
  - Software CMM
- SW-CMM
  - System Engineering CMM
- SA-CMMI
  - Software Acquisition CMM
- People CMM
- IPPD
  - Integrated Product and Process Development CMM
- SPICE Mode

2) CMMI Level 2

약어	Process Name	프로세스 명	목적 혹은 의미
1. REQM	Requirements Management	요구사항 관리	요구사항을 관리하자
2. PP	Project Planning	프로젝트 계획 수립	프로젝트 계획을 수립하자.
3. PMC	Project Monitoring and Control	프로젝트 감시 및 통제	프로젝트가 잘되고 있는지 파악하고 조정하자.
4. SAM	Supplier Agreement Management	공급업체 계약 관리	공급업체를 잘 관리하자.
5. MA	Measurement and Analysis	측정 및 분석	모든 활동을 측정하고 분석하자.
6. PPQA	Process and Product Quality Assurance	프로세스 및 제품 품질 보증	모든 활동과 프로젝트 산출물을 점검하자.
7. CM	Configuration Management	형상 관리	모든 결과물들을 형상관리하자.

2006년 39번

다음은 CMM에서 정의한 프로세스 성숙도와 관련된 주요 프로세스 영역을 짝지은 것이다. 잘못 된 것은?

① 레벨 2단계 – 소프트웨어 계약 관리
② 레벨 3단계 – 소프트웨어 품질 보증
③ 레벨 4단계 – 소프트웨어 품질 관리
④ 레벨 5단계 – 프로세스 변화 관리

해설 : ②번

- 레벨 2 : 요구사항관리, 프로젝트 계획, 프로젝트 추적과 감시, 부 계약자관리, 품질보증, 형상관리
- 레벨 3 : 조직프로세스 집중 , 조직프로세스 정의, 교육훈련 프로그램, 통합 소프트웨어 관리, 소프트웨어제품공학, 그룹간 조정, 동료 검토
- 레벨 4 : 계량적 프로세스 관리 , 소프트웨어 품질 관리
- 레벨 5 : 결함 예방 , 기술 변경 관리 , 프로세스 변경 관리

관련지식

1) CMMI의 레벨

- Level 1 : 관리되지 않는.
- Level 2 : 관리되는(Managed)
- Level 3 : 표준화된 프로세스에 의해(Defined)
- Level 4 : 정략적으로(Quantitively Managed)
- Level 5 : 지속적인 프로세스 개선(Optimizing)

2) CMMI의 Extensible framework

2-1) Systems engineering

- 시스템 공학은 전체 시스템 개발에 대한 범위를 영역으로 함
- 소프트웨어는 포함될 수도 있고, 안 될 수도 있음.
- 시스템 공학은 고객의 요구, 기대, 제한사항들을 제품에 반영하고, 제품 전체 라이프 사이클 동안의 지원 활동에 중점

2-2) Software engineering

- 소프트웨어 공학은 소프트웨어 시스템의 개발 범위를 영역으로 함
- 소프트웨어 공학은 소프트웨어의 개발, 운영, 유지보수에 대해 체계적이고, 훈련된, 그리고 정량화 할 수 있는 접근 방법에 중점

2-3) Integrated product and process development

- 통합제품 및 프로세스 개발은 고객의 니즈, 기대치 그리고 요구사항을 만족하기 위해 제품 전체 라이프 사이클 기간을 통한 관련 이해 당사자와의 적절한 협업을 수행할 수 있는 체계적인 접근 방법 제공

2-4) Supplier sourcing

- 작업이 점점 복잡해지면서, 프로젝트 관리자는 프로젝트에 필요한 특정 제품에 대해 기능 수행을 공급자에게 요청하거나, 수정을 요청
- 이러한 활동들이 치명적일 때, 제품 인도 전에 더 나은 소스 분석과 공급자 활동을 모니터링을 통한 이득을 얻음
- 환경 내에서 공급자 소싱 discipline은 공급자로부터 제품 획득을 다룸

3) PA 리스트

Level	약어	Process Name	프로세스 명	목적 혹은 의미
Level 2	1. REQM	Requirements Management	요구사항 관리	요구사항을 관리하자
	2. PP	Project Planning	프로젝트 계획 수립	프로젝트 계획을 수립하자.
	3. PMC	Project Monitoring and Control	프로젝트 감시 및 통제	프로젝트가 잘되고 있는지 파악하고 조정하자.
	4. SAM	Supplier Agreement Management	공급업체 계약 관리	공급업체를 잘 관리하자.
	5. MA	Measurement and Analysis	측정 및 분석	모든 활동을 측정하고 분석하자.
	6. PPQA	Process and Product Quality Assurance	프로세스 및 제품 품질 보증	모든 활동과 프로젝트 산출물을 점검하자.
	7. CM	Configuration Management	형상 관리	모든 결과물들을 형상관리하자.

Level	약어	Process Name	프로세스 명	목적 혹은 의미
Level 3	8. RD	Requirements Development	요구사항 개발	요구사항을 개발하자.
	9. TS	Technical Solution	기술 솔루션	적절한 기술 솔루션을 선택하자.
	10. PI	Product Integration	제품 통합	배포를 위해 제품을 제대로 통합하자.
	11. VEL	Verification	검증	원 목적대로 제대로 만들었는지 점검하자.
	12. VAL	Validation	확인	요구사항이 적절한지 점검하자.
	13. OPF	Organizational Process Focus	조직 프로세스 중점 관리	프로세스를 개선하자.
	14. OPD	Organizational Process Definition	조직 표준 프로세스 정의	프로세스를 정의하자.
	15. OT	Organizational Training	조직 교육 관리	교육시키자.
	16. IPM	Integrated Project Management	통합 프로젝트 관리	복수의 프로젝트들을 통합적으로 관리하자.
	17. RSKM	Risk Management	위험관리	위험을 관리하자.
	18. DAR	Decision Analysis and Resolution	의사결정분석 및 해결	제대로 의사결정을 하자.
Level 4	19. OPP	Organizational Process Performance		
	20. QPM	Quantitative Project Management		
Level 5	21. OID	Organization Innovation & Deployment		
	22. CAR	Causal Analysis and Resolution		

2007년 43번

미국 카네기 멜론대학의 소프트웨어 공학 연구소는 조직의 능력을 평가하는 방법으로 CMM(Capacity Maturity Model)을 거쳐 CMMI(CMM Integration)를 제안하였다. CMMI는 단계적 표현과 연속적 표현으로 구분된다. 다음 중 CMMI의 단계적 표현 모델을 권장하기에 가장 적합한 상황은?

① 조직을 위한 분명한 개선 경로가 필요한 경우
② 조직의 필요와 요구사항에 따라 개선하기 위한 프로세스 영역을 선택하는 경우
③ 성숙도 평가가 단일 값이 아닌 각 프로세스나 프로세스 그룹에 대한 성숙도 평가 값들의 집합으로 표현되기를 원할 경우
④ 고객 대면 프로세스 개선에 관심을 갖고 적용하고자 하는 경우

해설 : ①번

2,3,4 번은 Continuous Representation

관련지식

1) **연속적 표현**(Continuous Representation)

1-1) **개념**

- 프로세스 개선 시 유연하게 접근할 수 있다.특별히 해당 조직에서 문제가 있거나 필요한 PA 영역에 대해서 선택적으로 개선 시 유용한 방법이다 프로세스 영역별로 조직의 성숙도 평가 가능

1-2) **특징**

- Capability Level
- 조직의 사업 목적을 가장 잘 만족 시킬 수 있는 개선 영역의 선정 가능
- 각 프로세스 영역에 독특하게 나타나는 위험에 초점
- 현 구조에 영향을 미치지 않으면서 새로운 프로세스 영역의 추가 가능
- 주어진 프로세스 영역 내에서 점직적 개선

2) **단계적 표현**(Staged Representation)

2-1) **개념**

- 한 번에 한 단계씩 프로세스 개선을 할 수 있도록 체계적이고 구조적인 방법을 제공해 준다. 어디에서부터 시작할 지, 어떤 프로세스를 개선해야 할 지 잘 모른다면 Staged 모

델을 사용하는 것이 좋다. (대부분의 회사에서 선택하는 방법).

2-2) **특징**

- Maturity Level을 이용하여 조직간의 수준 비교 가능
- 프로세스 개선 초기 단계의 조직에서 명확한 개선 방향 제시
- ROI 관점에서 단계적 접근의 이득을 보여 주는 사례와 데이터 제공
- 프로세스 영역의 범위를 해석하기 위해 잘 정의된 Context 포함
- 보다 쉽게 이해되는 프로세스 개선 결과 제시

2008년 34번

다음은 CMMI의 단계적 표현방법(Staged Representation)에 대한 설명이다. 해당하는 성숙단계는?

> 조직 표준 프로세스를 정의해야 한다.
> 조직 표준 프로세스에 따라 각종 계획서를 작성해야 한다.
> 작성된 계획서에 따라 해당 프로세스를 수행해야 한다.
> 수행결과를 바탕으로 조직 프로세스 자산을 지속적으로 개선해야 한다.

① 관리(Managed) 단계
② 정의(Defined) 단계
③ 정량적 관리(Quantitatively Managed) 단계
④ 최적화(Optimizing) 단계

해설 : ②번

정의 단계는 프로세스 계획하고 정의

관련지식

1) CMMI의 표현 방법

Staged Representation	Continuous Representation
– SW-CMM 과 유사한 모델로서 SW-CMM에서 CMMI로의 이동이 용이하다. – 널리 입증된 순서에 따른 체계적인 개선 활동을 제공한다. 즉, 가장 기초적인 관리 절차로부터 상위 수준으로 향상되기 위해 필요한 실무까지 수행되어야 할 프로세스 영역들을 단계별로 제시한다. – 성숙도 수준을 이용한 조직간의 비교가 가능하다. – 조직에 대한 평가 결과를 요약해주며 조직간 비교를 가능하게 하는 단일한 등급체계를 제공한다.	– ISO/IEC 15504 (SPICE Model)과 유사한 구조를 가지고 있어, 이를 기반으로 프로세스 개선 모델과의 비교 및 EIA/IS 731에서 CMMI로의 이동이 용이하다. – 조직의 비즈니스 목적을 충족시키고, 위험 요소를 완화시키는데 중요한 개선 사항의 순서를 정하여 적용시킬 수 있다. – 특정 프로세스 영역에 대한 조직간의 비교가 가능하다.

2008년 41번

SPICE(ISO/IEC 15504)에 대한 설명으로 틀린 것은?

① 소프트웨어 프로세스 평가를 위한 포괄적인 프레임워크이다.
② SPICE는 프로세스 개선을 위한 프로세스 능력 평가에 활용할 수 있다.
③ 엔지니어링 프로세스 범주는 시스템과 소프트웨어 제품을 직접 명세화, 구현, 유지 보수하는 프로세스로 구성된다.
④ 조직 프로세스 범주는 소프트웨어를 개발하여 고객에게 전달하는 것을 지원하고, 소프트웨어를 정확하게 운용하고 사용하도록 하기 위한 프로세스로 구성되어 있다.

● 해설 : ④번

조직의 업무 목적을 수립하고 조직이 업무 목적을 달성하기 위하여 도움을 주는 프로세스((예) 프로세스의 정의, 심사, 개선, 인적자원 관리, 기반구조, 측정, 재사용). ④은 고객 공급자 프로세스

● 관련지식

1) SPICE의 정의
- 여러 프로세스 개선모형을 국제표준으로 통합한 ISO의 소프트웨어 프로세스 모형
- SEI의 CMM, Bell의 TRILLIUM, Esprit의 BootStrap 등의 통합
- 소프트웨어 프로세스에 대한 개선 및 능력 측정 기준
- SPICE(ISO/IEC 15504)는 ISO/IEC 12207의 기본 구조에 맞추어 개발됨

2) SPICE의 평가 모델
- 2차원의 평가 모델을 기준 (프로세스 차원, 프로세스 수행 능력 차원)
- 프로세스 차원 : 5개의 프로세스 카테고리와 40개 세부 프로세스로 구성, ISO 12207의 소프트웨어 생명주기 프로세스를 기반으로 함, 각 프로세스별로 목적을 달성하기 위한 기준이 제시됨
- 프로세스 수행 능력 차원 : Organization Unit(OU:수행조직 단위)이 특정 프로세스를 달성하거나 혹은 달성 목표로 가능한 능력 수준, 0~5까지의 6개의 Capability Level로 구성됨

3) SPICE의 5개의 프로세스
- SPICE는 5개의 프로세스 범주의 40개 프로세스에 대해 기본 프랙티스(Practices)의 실행 여부와 작업 산출물 유무로 판정한다.

- 고객 공급자 프로세스 : 소프트웨어를 개발하여 고객에게 제공하고 소프트웨어를 정확하게 운용하고 사용하도록 지원하기 위한 프로세스 (예) 발주, 공급자 선정, 고객 인수, 요구사항 도출, 공급, 운영 등
- 엔지니어링 프로세스 : 시스템과 소프트웨어 제품을 개발하는 모든 프로세스, 즉 요구분석, 설계 및 실험, 구축, 통합 등의 프로세스 (예) 요구분석, 설계 및 실험, 구축, 통합 등
- 지원 프로세스 : 문서화, 형상관리, 품질보증, 검증, 확인, 검토 등 개발활동을 지원하는 프로세스 관리 프로세스 일반적인 소프트웨어 프로젝트에서 일어나는 관리 활동 (예) 프로젝트 관리, 품질 관리, 위험 관리 등
- 조직 프로세스 : 조직의 업무 목적을 수립하고 조직이 업무 목적을 달성하기 위하여 도움을 주는 프로세스 (예) 프로세스의 정의, 심사, 개선, 인적자원 관리, 기반구조, 측정, 재사용

2009년 27번

SPICE의 프로세스와 활동에 다음 설명은 SPICE의 프로세스 범주 중 어디에 해당하는가?

> SW 제품과 사용자 문제를 직접 구현하는 내용과 관련된 프로세스로 구성되며, 이 범주에 속하는 프로세스 및 기본 활동은
> ㉠ 시스템 요구사항 및 설계 개발 ㉡ S/W 요구사항 개발 ㉢ S/W 설계 개발
> ㉣ S/W 설계 구현 ㉤ S/W 통합 시험 ㉥ 시스템 통합 및 시험
> ㉦ 시스템 및 S/W 유지보수로 구분됨

① 지원 프로세스 범주
② 관리 프로세스 범주
③ 공학 프로세스 범주
④ 고객-공급자 프로세스 범주

해설 : ③번

엔지니어링 프로세스 : 시스템과 소프트웨어 제품을 개발하는 모든 프로세스, 즉 요구분석, 설계 및 실험, 구축, 통합 등의 프로세스 (예) 요구분석, 설계 및 실험, 구축, 통합 등

관련지식

1) SPICE의 정의

- 여러 프로세스 개선모형을 국제표준으로 통합한 ISO의 소프트웨어 프로세스 모형
- SEI의 CMM, Bell의 TRILLIUM, Esprit의 BootStrap 등의 통합
- 소프트웨어 프로세스에 대한 개선 및 능력 측정 기준
- SPICE(ISO/IEC 15504)는 ISO/IEC 12207의 기본 구조에 맞추어 개발됨

2) SPICE의 평가 모델

- 2차원의 평가 모델을 기준 (프로세스 차원, 프로세스 수행 능력 차원)
- 프로세스 차원 : 5개의 프로세스 카테고리와 40개 세부 프로세스로 구성, ISO 12207의 소프트웨어 생명주기 프로세스를 기반으로 함, 각 프로세스 별로 목적을 달성하기 위한 기준이 제시됨
- 프로세스 수행 능력 차원 : Organization Unit(OU:수행조직 단위)이 특정 프로세스를 달성하거나 혹은 달성 목표로 가능한 능력 수준, 0~5까지의 6개의 Capability Level로 구성됨

2009년 43번

CMMI 모델은 프로세스 영역을 24개로 구분하고 이를 4개의 범주로 분류한다. 다음 중 프로세스 영역이 해당되는 범주를 잘못 분류한 것은?

① 통합팀 구성 - 프로세스 관리
② 위험 관리 - 프로젝트 관리
③ 요구사항 관리 - 엔지니어링
④ 형상 관리 - 지원

해설 : ①번

통합팀 구성은 지원 범주

관련지식

1) CMMI의 개념

– 카네기 멜론대학 소프트웨어 공학연구소(SEI: Software Engineering Institute)가 개발한 여러 CMM 모델을 포함하고 있는 통합 모델

2) PA의 4가지 범주 설명

레벨	Process Mgmt	Project Mgmt	Engineering	Support
Level5 (Optimizing)	OID(조직 혁신 및 이행)			CAR(원인분석 및 해결)
Level4 (Quantitatively Managed)	OPP(조직 프로세스 성과)	QPM(정량적 프로젝트 관리)		
Level3 (Defined)	OPF(조직 프로세스 중점) OPD(조직 프로세스 정의) OT(조직 훈련)	IPM(통합 프로젝트 관리) RSKM(위험관리) ISM(통합 공급자 관리–SS) IT(통합팀–IPPD)	RD(요구사항 개발) TS(기술 솔루션) PI(제품통합) VER(검증) VAL(확인)	DAR(의사결정 분석 및 해결) OEI(통합조직환경–IPPD)
Level2 (Managed)		PP(프로젝트 계획) PMC(프로젝트 감시 및 통제) SAM(공급자 계약 관리)	REQM(요구사항 관리)	CM(형상관리) PPQA(프로세스 및 제품 품질보증) MA(측정 및 분석)

E14. SW 아키텍처

시험출제 요약정리

1) 소프트웨어 아키텍처의 정의

- 소프트웨어 아키텍처는 소프트웨어 컴포넌트 및 외부로 나타나는 컴포넌트의 특성, 관계들로 구성되는 시스템의 구조 (Bass, Clements, and Kazman. 1998)
- 소프트웨어 아키텍처는 프로그램/시스템의 컴포넌트, 컴포넌트들 간의 상호관계의 구조이며 이들을 설계하고 전개하기 위한 지침과 원리 (Garlan and Perry, 1995)
- 소프트웨어 컴포넌트들과 그들의 외부적으로 보여지는 특성, 그리고 그들 간의 상호관계들로 구성되는 해당 시스템의 구조 또는 구조들

2) 소프트웨어 아키텍처 스타일

- 아키텍처 스타일은 아키텍처 설계에서 반복해서 나타나는 문제를 해결하고 아키텍처가 만족시켜야 하는 시스템 품질속성을 달성할 수 있는 방법을 문서로 정리
- 아키텍처 스타일은 시스템의 모든 설계 작업의 기초를 제공
- 아키텍처 스타일은 다음을 정의한다.
  - 구성요소들
  - 구성요소들의 상호관계와 구성방식
  - 구성요소들의 정확한 의미와 한계
  - 구성방식에 맞춰 구성요소들이 상호작용하는 메커니즘

3) 소프트웨어 아키텍처 평가

3-1) SAAM (Software Architecture Analysis Method)
- 최초의 아키텍처 평가 방법론 (ATAM의 전신)
- 주로 수정 가능성 관점에서 평가
- 주요 입력 물은 아키텍처 기술서와 품질속성을 설명하는 시나리오
- 출력물은 시나리오와 아키텍처간 매핑서

3-2) ATAM (Architecture Trade-off Analysis Method)
- 품질 속성 요구사항과 비즈니스 목표달성을 위한 아키텍처 결정사항들을 평가
- 시나리오를 중심으로 품질 속성 요구 사항을 찾아내고 아키텍처가 특정 품질 속성

들을 만족하는지를 분석
- SAAM의 발전 모델
- 평가 품질 요소 : Performance성능, Reliability: 신뢰성, Availability: 가용성, Security: 보안성, Modifiability: 수정가능성, Portability: 이식성, Functionality: 기능성,Variability: 변화가능성, Subsetability: 서브화 가능성,Conceptual Integrity: 개념적 무결성

3-3) CBAM (COST Benefit Analysis Method)
- 아키텍처에 영향을 주는 품질속성들의 비용을 산출에 조직에 이익을 줄 수 있는 아키텍처 결정
- 비용중심의 의사결정 평가 방법
- 품질속성 (예 : 성능, 확장성, 신뢰성 등) 대신 사용 가능도 (Utility Value)기반 비용 정량화
- 단계는 9단계 (보통 반복 - 아래 표 참조)

3-4) 기타 아키텍처 평가 방법
- FEF (Family Evaluation Framework) : 설계 모델 기반 평가가 아닌 프로세스 관점에서 평가, 조직에서 프로덕트 라인 공학을 하기 위한 수행 능력을 BAPO(Business, Architecture, Process, Organization) 의 네 가지 범주를 기준으로 평가 → 각 범주는 CMMI 처럼 5개의 Level로 나누어 4ro의 평가 측면을 가짐
- EATAM (Extending ATAM) : 프로덕트 라인 아키텍처를 평가하기 위한 ATAM의 확장 방법, ATAM은 중대형 과제나 단일 아키텍처로 구성된 제품을 평가 하지만, 다수의 아키텍처가 공존하는 프로덕트 라인 제품 군에서 EATAM를 사용

4) MDA

4-1) MDA 정의
- 플랫폼 독립적인 SW모델로부터 플랫폼 종속적인 SW모델로 자동 변환하고, 소스코드를 자동 생성하는 방법으로서 원하는 플랫폼에 맞는 SW를 쉽고 빠르게 개발할 수 있음

4-2) MDA의 관리표준

표준	내 용
UML	OMG에 의해 표준화된 객체지향 분석 및 설계표준으로 구현환경에 무관하게 표준화된 방법으로 시스템을 모델링
MOF	다른 메타모델을 정의하기 위한 메타-메타 모델로 UML과 CWM은 MOF 기반 메타모델, MOF는 모델 저장소 역할
CWM	데이터웨어하우징 영역에서 DW아키텍처를 정의한 메타모델로 데이터 소스, 타깃, 영역간 데이터 변환을 위한 표준 모델제시
XMI	MOF 기반 모델을 XML로 매핑하기 위한 표준사양 즉, XML 기반 데이터 관리를 위한 표준

기출문제 풀이

2004년 45번

소프트웨어 아키텍처 중 디플로이먼트(Deployment) 스타일을 적합하게 사용하는 상황이 아닌 것은?

① 시스템의 성능을 조정하기 위해 하드웨어에 소프트웨어의 할당을 정의 한다.
② 통합 시험을 계획하기 위해 사용한다.
③ 전체 엔터프라이즈 배치를 표현하기 위해 각 서브시스템의 할당 구조를 표현한다.
④ 소프트웨어의 제어 흐름을 표현하기 위해 사용한다.

해설 : ④번

제어 흐름은 설계 과정에서 사용

관련지식

1) 소프트웨어 아키텍처의 정의

- Bass, Clements, and Kazman, 1998 : 소프트웨어 아키텍처는 소프트웨어 컴포넌트 및 외부로 나타나는 컴포넌트의 특성, 관계들로 구성되는 시스템의 구조
- Garlan and Perry, 1995 : 소프트웨어 아키텍처는 프로그램/시스템의 컴포넌트, 컴포넌트들 간의 상호관계의 구조이며 이들을 설계하고 전개하기 위한 지침과 원리
- UML 1.3 : 아키텍처는 조직적인 시스템의 구조이다. 아키텍처는 반복적으로 작은 부분들로 분할될 수도 있고 이들은 인터페이스와 관계를 통해 서로 상호작용하며, 분할된 부분들을 조립하기 위한 제약사항들도 아키텍처에서 정의
- 소프트웨어 컴포넌트들과 그들의 외부적으로 보여지는 특성, 그리고 그들 간의 상호관계 들로 구성되는 해당 시스템의 구조 또는 구조들

2) 소프트웨어 아키텍처 스타일

- 아키텍처 스타일은 아키텍처 설계에서 반복해서 나타나는 문제를 해결하고 아키텍처가 만족시켜야 하는 시스템 품질속성을 달성할 수 있는 방법을 문서로 정리
- 아키텍처 스타일은 시스템의 모든 설계 작업의 기초를 제공
- 아키텍처 스타일은 다음을 정의한다.
  - 구성요소들
  - 구성요소들의 상호관계와 구성방식

- 구성요소들의 정확한 의미와 한계
- 구성방식에 맞춰 구성요소들이 상호작용하는 메커니즘

3) 디플로이먼트(Deployment) 스타일

– 소프트웨어 단위와 개발 및 실행 환경 사이에 관계를 표현

4) 디플로이먼트 뷰 타입에 포함된 스타일

- 배치 스타일(Deployment style)
  - 프로세스가 어떻게 하드웨어 요소에 매핑되는지 보여줌.
  - 메시지 트래픽 예측, 성능, 보안, 신뢰성 등을 분석하는데 사용.
- 구현 스타일(Implementation style)
  - 모듈이 어떻게 개발 인프라에게 매핑되는지 보여줌.
  - 버전관리와 멀티-팀 개발을 지원.
- 업무 할당 스타일(Work assignment style)
  - 모듈이 어떻게 개발조직에 매핑되는지 보여줌.
  - 어떤 팀이 어떤 모듈을 개발해야 하는지 설명.
  - WBS, schedule, budget

2007년 42번

ATAM(Architecture Trade-off Analysis Method) 기법 중에서 시스템이 만족시켜야 할 품질 속성을 식별하고 각 속성들에 우선순위를 부여하는데 주로 사용되는 것은 다음 중 무엇인가?

① Quality Attribute Scenario ② Sensitive Point ③ Business Driver ④ Quality Attribute Tree

해설 : ④번

Quality Attribute Tree : 유틸리티 → 품질속성 → 세분화한 품질속성 → 시나리오 순서로 트리를 만든다, 단계 2에 나온 비즈니스 동인(business driver)을 품질속성 시나리오로 쉽게 바꿀 수 있는 메커니즘을 제공한다. 시나리오의 우선순위 점수를 매긴다.

관련지식

1) ATAM 정의
- 품질 속성 요구사항과 비즈니스 목표달성을 위한 아키텍처 결정사항들을 평가
- 시나리오를 중심으로 품질 속성 요구 사항을 찾아내고 아키텍처가 특정 품질 속성들을 만족하는지를 분석
- SAAM의 발전 모델

2) 평가 품질 요소
- Performance : 성능, Reliability: 신뢰성, Availability : 가용성, Security: 보안성,
- Modifiability : 수정가능성, Portability : 이식성, Functionality : 기능성,
- Variability : 변화가능성, Subsetability : 서브화 가능성,Conceptual Integrity : 개념적 무결성

3) ATAM의 단계
- Step 1 : Present the ATAM
- Step 2 : Present Business Drivers
- Step 3 : Present Architecture
- Step 4 : Identify Architectural Approaches (아키텍처 접근법 식별)
- Step 5 : Generate Quality Attribute Utility Tree (우선순위 부여)
- Step 6 : Analyze Architectural Approaches (품질요구사항에 적합한 아키텍처 접근법 평가)
- Step 7 : Brainstorm and Prioritize Scenario (시나리오로부터 품질속성 도출)
- Step 8 : Analyze Architectural Approaches
- Step 9 : Present Results

2008년 33번

다음 중 컴포넌트 아키텍처라 볼 수 없는 것은?

① CORBA 3.0 ② .NET과 ActiveX ③ J2EE와 JavaBean ④ UML 2.0

● 해설 : ④번

UML은 모델링 언어

● 관련지식

1) 컴포넌트 아키텍처란

- 컴포넌트 아키텍처의 목표는 추상화(abstraction)와 재사용성(reusability)입니다. 즉, 어떤 애플리케이션 구축을 위해 어떤 컴포넌트를 썼을 때, 그 애플리케이션은 이 컴포넌트가 어떻게 돌아가는지 알 필요가 없으며, 그 컴포넌트는 다른 애플리케이션 개발에도 쓸 수 있다는 의미
- Plug-in된 컴포넌트를 관리하는 시스템
- 컴포넌트가 어떤 기능을 수행하는지 발견
- 컴포넌트끼리 서로 통신하는 방법
- 컴포넌트를 생성하고 찾는 메커니즘
- 기타 기반 서비스
- 예) EJB, CCM(CORBA Component Model), .NET, 자바빈즈 (자바 플랫폼의 컴포넌트 아키텍처) 등

2) 컴포넌트를 만드는 플랫폼

- J2EE, .NET, CORBA, SUN ONE

3) 클라이언트 컴포넌트

- 클라이언트 컴퓨터에서 작동
- 주로 GUI 컴포넌트: 버튼, 리스트, 스프레드 시트
- 자바빈즈모델, ActiveX, COM

4) 서버 컴포넌트

- 서버 컴퓨터에서 작동
- 비즈니스 로직 및 데이터 관리
- COM+, CORBA, EJB

2008년 44번

MDA(Model Driven Architecture)에 대한 설명 중 틀린 것은?

① MDA는 점진적 모델 변환을 통해 소프트웨어 개발을 자동화하려는 컴퓨팅방식이다.
② PSM(Platform Specific Model)이 PIM(Platform Independent Model)으로 변환되고, PIM에서 소스코드가 생성되어 자동화가 이루어진다.
③ 분석 및 설계 모델의 재사용을 통해 다양한 개발 플랫폼에 맞는 소프트웨어를 개발할 수 있다.
④ MDA를 통해 소프트웨어 개발 생산성과 유지보수성을 높일 수 있다.

해설 : ②번

PIM이 PSM으로 변환되고, PSM에서 소스코드가 자동으로 생성

관련지식

1) MDA 정의

- 플랫폼 독립적인 SW모델로부터 플랫폼 종속적인 SW모델로 자동 변환하고, 소스코드를 자동 생성하는 방법으로서 원하는 플랫폼에 맞는 SW를 쉽고 빠르게 개발할 수 있음

2) MDA의 관리표준

표준	내 용
UML	OMG에 의해 표준화된 객체지향 분석 및 설계표준으로 구현환경에 무관하게 표준화된 방법으로 시스템을 모델링
MOF	다른 메타모델을 정의하기 위한 메타-메타 모델로 UML과 CWM은 MOF 기반 메타모델, MOF는 모델 저장소 역할
CWM	데이터웨어하우징 영역에서 DW아키텍처를 정의한 메타모델로 데이터 소스, 타깃, 영역간 데이터 변환을 위한 표준 모델제시
XMI	MOF 기반 모델을 XML로 매핑하기 위한 표준사양 즉, XML 기반 데이터 관리를 위한 표준

3) MDA의 모델구조

모델 구분	설 명
비즈니스 모델	- Biz 업무를 기술하는 영역

모델 구분	설 명
플랫폼 독립 모델(PIM)	– 구현 기술과 무관하게 Biz의 기능과 행위를 정의 – Biz 전문가가 UML로 모델링
플랫폼 종속 모델(PSM)	– 기술 플랫폼의 특성을 반영하는 모델 – MOF로 정의된 PIM을 UML Profile로 자동 매핑하여 생성

4) MDA 개발절차

– 타켓플랫폼 식별 → 메타모델식별 및 정의 → 매핑기법정의/구현 → PIM모델작성(모델독립) → PSM(모델종속)모델 생성

2010년 42번

다음은 컴포넌트와 객체의 특징을 나열한 것이다. 이 중 컴포넌트의 특징만을 고른 것은 어느 것인가?

a. 다중 인터페이스	b. 서비스 재사용
c. 상속을 통한 재사용	d. 객체 지향 언어로 구현
e. 반드시 객체지향 언어로 구현될 필요는 없음	f. 조립을 통한 재사용
g. 블랙박스(아키텍처) 재사용	h. 화이트박스(소스코드) 재사용
I. 단일 인터페이스	j. 클래스 재사용

① a, d, f, g, j ② a, b, e, f, g ③ b, c, g, I, j ④ b, d, f, h, i

해설 : ②번

다중 인터페이스, 서비스 재사용, 조립을 통한 재사용은 컴포넌트의 특징

관련지식

1) 컴포넌트의 특징
- 실행코드 기반 재사용(소스차원이 아닌 실행 모듈로 표준에 따라 개발됨)
- 컴포넌트는 인터페이스를 통해서만 접근
- 컴포넌트는 구현, 명세화, 패키지화, 배포될 수 있어야 함
- 블랙박스 형태의 컴포넌트 재사용은 코드가 아닌 아키텍처를 재사용

2) 컴포넌트의 구성요소

가. 컴포넌트
- 컨텍스트(Context) : 컴포넌트의 기능과 역할
- 인터페이스(Interface) : 기능을 외부에 제공, 표준화된 규약, IDL로 명세화

나. 컨테이너(Container)
- 컴포넌트를 구현하기 위한 서버측 런타임 환경
- 컴포넌트 인스턴스 생성 및 소멸관리

다. 어플리케이션 서버(Application Server)
- 멀티프로세싱, 로드밸런싱, 디바이스 접근 등의 서비스
- 트랜잭션 서비스, 컨테이너 관리

E15. 모듈

시험출제 요약정리

1) 모듈

1-1) 결합도

- 내용 결합도 > 공통 결합도 > 외부 결합도 > 제어 결합도 > 스탬프 결합도 > 자료 결합도
- 모듈간의 상호의존성을 평가하는 것으로 결합도가 작을수록 독립적이고 잘 설계된 것이다.
- 가장 낮은 결합도는 자료 결합도

1-2) 응집도

- 기능 응집도 > 순차 응집도 > 통신 응집도 > 절차 응집도 > 임시 응집도 > 논리 응집도> 우연적 응집도
- 응집도가 높을수록 잘 설계
- 가장 높은 응집도는 기능적 응집도
- 모듈간 결합도 최소화, 모듈 내 요소들간의 응집도는 최대화

2) 결합도

- 데이터(data)결합 : 모듈간에 필요로 하는 자료에 대한 의사소통
- 스탬프(stamp)결합 : 동일한 데이터구조를 갖고 있음
- 제어(control)결합 : 제어 데이터를 공유함, 모듈 중 최소한 하나는 독립적이지 않음
- 공통(common)결합 : 전역 데이터를 공유
- 내용(contents)결합 : 모듈간에 분기하며, 다른 모듈의 내용을 바꿀 수 있음

3) 응집도

- 우연적 응집도 (Coincidental cohesion) : 요소들이 뚜렷한 관계없이 한 모듈내에 존재하는 경우
- 논리적 응집도 (Logical cohesion) : 논리적으로 유사한 기능을 발휘하지만 서로간의 관

계는 밀접하지 않은 경우
- 임시적, 시간적 응집도 (*Temporal cohesion*) : 같은 시간대에 모두 실행되어야 할 것들과 관련된 작업들을 포함하는 경우
- 절차적 응집도 (*Procedural cohesion*) : 모듈의 수행 요소들이 관련되어 반드시 특정한 순서로 실행되어야 할 경우
- 통신 응집도 (*Communication cohesion*) : 모든 요소들이 동일한 입출력 자료를 이용하는 경우
- 순차적 응집도 (*Sequential cohesion*) : 한 요소의 입력이 다른 요소의 출력이 되는 경우
- 기능적 응집도 (*Functional cohesion*) : 모듈내의 모든 요소들이 단일 기능을 발휘하는 경우

기출문제 풀이

2004년 30번

다음에서 모듈 Input_char와 Output_char간에는 어떤 결합도(coupling)가 존재하는가?

① 자료 결합도
② 스탬프 결합도
③ 외부 결합도
④ 공통 결합도

```
char character;
Input_and_Output( ){
.....
Input_char( );
Output_char( );
.....
}
Input_char( ){
.....
character : = getchar( );
.....
}
Output_char( ){
.....
putchar(character);
.....
}
```

- 해설 : ④번

하나의 모듈에 2개의 기능을 포함하는 결합도로 공통 결합도

- 관련지식

1) 결합도 순서
– 자료 – 스탬프 – 제어 – 외부 – 공유 – 내용

2) 상세 설명
① 공통(공유) 결합도(Common Coupling): 광의의 자료구조에 의해 모듈들이 서로 묶여 있는 경우 (많은 모듈이 전역변수를 참조할 때 발생)

② 내용 결합도(Content Coupling): 어느 한 모듈이 국부적인(Local) 자료 값을 수정하거나 타 모듈의 내부를 수정하기도 하는 경우 (가장 강한 결합도)
③ 외부 결합도(External Coupling): 소프트웨어의 외부환경에 모듈이 관련되어 있는 경우
④ 스탬프결합도(Stamp Coupling): 광역의 공통자료를 필요로 하는 모듈 사이에서만 선별적으로 레코드를 공유하는 경우 (모듈간의 자료구조 전달)
⑤ 제어 결합도(Control Coupling): 호출하는 모듈이 호출되는 모듈의 제어를 지시하는 데이터를 매개변수로써 사용하는 경우에 발생
⑥ 자료 결합도(Data Coupling): 모듈간의 단순한 매개변수 전달, 가장 낮은 결합도

2005년 32번

모듈 A,B,C,D 사이에 다음과 같은 관계가 있을 때, 모듈간의 결합도가 높은 것에서 낮은 것의 순서로 올바르게 정렬한 것은?

- A가 B를 호출할 때, 기본형 데이터를 파라미터로 넘긴다.
- B가 C를 호출할 때, 제어 플래그를 파라미터로 넘긴다.
- B가 D를 호출할 때, 구조체형의 데이터를 파라미터로 넘긴다.
- A와 D는 같은 전역변수를 공유한다.

(단, C(M1, M2)는 모듈 M1과 M2의 결합도를 의미한다.)

① C(A,D), C(B,D), C(B,C), C(A,B)
② C(B,C), C(A,D), C(B,C), C(A,B)
③ C(A,D), C(B,C), C(B,D), C(A,B)
④ C(B,C), C(A,D), C(B,D), C(A,B)

해설 : ③번

- C(A,B) : 자료 결합도 : 모듈간의 대화를 위해 변수 목록이나 테이블을 주고 받는 경우
- C(B,C) : 제어 결합도 : 모듈의 기능을 제어하기 위해 제어용 신호를 주고받는 경우
- C(B,D) : 스탬프 결합도 : 공통 자료를 필요로 하는 모듈 사이에서만 선별적으로 레코드를 공유
- C(A,D) : 공통 결합도 : 광의의 자료 구조에 의해 모듈들이 서로 묶여 있는 경우

관련지식

1) 결합도
- 결합도 : 내용 결합도 〉 공통 결합도 〉 외부 결합도 〉 제어 결합도 〉 스탬프 결합도 〉 자료 결합도

2) 응집도
- 응집도 : 기능 응집도 〉 순차 응집도 〉 통신 응집도 〉 절차 응집도 〉 임시 응집도 〉 논리 응집도〉 우연적 응집도

2005년 43번

소프트웨어의 모듈간의 결합도(coupling)와 모듈내 요소간의 응집도(cohesion)에 대해서 소프트웨어 설계시 가장 바람직한 것은?

① 응집도는 높게 결합도는 낮게 설계한다.
② 응집도는 낮게 결합도는 높게 설계한다.
③ 양쪽 모두 낮게 설계한다.
④ 양쪽 모두 높게 설계한다.

해설 : ①번

잘 설계된 모듈은 응집도는 높고, 결합도가 낮아야 함.

관련지식

1) 결합도 : 모듈간의 상호의존성을 평가하는 것으로 결합도가 작을수록 독립적이고 잘 설계된 것이다.

- 결합도: 내용 결합도 〉 공통 결합도 〉 외부 결합도 〉 제어 결합도 〉 스탬프 결합도 〉 자료 결합도
- 데이터(data)결합 : 모듈간에 필요로 하는 자료에 대한 의사소통
- 스탬프(stamp)결합 : 동일한 데이터구조를 갖고 있음
- 제어(control)결합 : 제어 데이터를 공유함, 모듈 중 최소한 하나는 독립적이지 않음
- 공통(common)결합 : 전역 데이터를 공유
- 내용(contents)결합 : 모듈간에 분기하며, 다른 모듈의 내용을 바꿀 수 있음

2) 응집도 (응집도가 높을수록 잘 설계)

- 응집도 : 기능응집도(높음)〉순차응집도〉통신응집도〉절차응집도〉임시응집도 〉 논리응집도〉 우연적응집도(가장 약함)
- 우연적 응집도 (Coincidental cohesion) : 요소들이 뚜렷한 관계없이 한 모듈내에 존재하는 경우
- 논리적 응집도 (Logical cohesion) : 논리적으로 유사한 기능을 발휘하지만 서로간의 관계는 밀접하지 않은 경우
- 임시적, 시간적 응집도 (Temporal cohesion) : 같은 시간대에 모두 실행되어야 할 것들과 관련된 작업들을 포함하는 경우
- 절차적 응집도 (Procedural cohesion) : 모듈의 수행 요소들이 관련되어 반드시 특정한 순서로 실행되어야 할 경우
- 통신 응집도 (Communication cohesion) : 모든 요소들이 동일한 입출력 자료를 이용하는 경우
- 순차적 응집도 (Sequential cohesion) : 한 요소의 입력이 다른 요소의 출력이 되는 경우
- 기능적 응집도 (Functional cohesion) : 모듈내의 모든 요소들이 단일 기능을 발휘하는 경우

2009년 44번

다음 중에서 소프트웨어 설계 시 결합도와 응집도 측면에서 가장 바람직한 항목으로 묶여진 것은 어느 것인가?

① 내용 결합 (content coupling) - 순차적 응집 (sequential cohesion)
② 스탬프 결합 (stamp coupling) - 교환적 응집 (communication cohesion)
③ 자료 결합 (data coupling) - 기능적 응집 (functional cohesion)
④ 제어 결합 (control coupling) - 시간적 응집 (temporal cohesion)

해설 : 3 번

잘 설계된 모듈은 응집도는 높고, 결합도가 낮아야 함.

관련지식

1) 모듈의 개념

- 결합도(Coupling)가 낮은 다른 모듈과의 최소한의 상호작용, 응집도(Cohesion)가 높은 하나만의 기능을 수행하는 모듈 수용
- 모듈간 결합도 최소화, 모듈 내 요소들간의 응집도는 최대화
- 결합도 : 소프트웨어 구조내에서 모듈간의 관련성을 측정하는 척도 (metric)
- 응집도 : 모듈 내부의 처리 요소들간의 기능적 연관성을 측정하는 척도

2) 잘 설계된 모듈

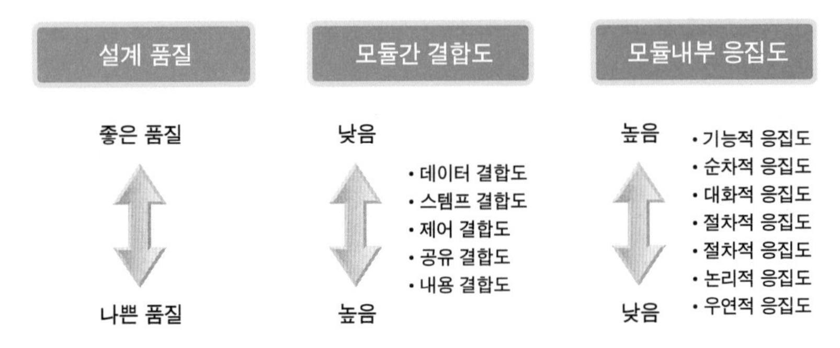

2010년 34번

다음 코드에서 사용된 함수의 응집도는?

```
void readWrite(int type, int* data, int size) {
    switch (type) {
    0 : read(data, size) ; break ;
    1 : write(data, size) ; break ;
    default : break ;
    }
}
```

① 기능적 응집도 ② 순차적 응집도 ③ 교환적 응집도 ⑤ 논리적 응집도

해설 : ④번

논리적 응집도는 논리적으로 유사한 기능을 발휘하지만 서로간의 관계는 밀접하지 않은 경우

관련지식

1) 응집도

- 우연적 응집도 (Coincidental cohesion) : 요소들이 뚜렷한 관계없이 한 모듈 내에 존재하는 경우
- 논리적 응집도 (Logical cohesion) : 논리적으로 유사한 기능을 발휘하지만 서로간의 관계는 밀접하지 않은 경우
- 임시적, 시간적 응집도 (Temporal cohesion) : 같은 시간대에 모두 실행되어야 할 것들과 관련된 작업들을 포함하는 경우
- 절차적 응집도 (Procedural cohesion) : 모듈의 수행 요소들이 관련되어 반드시 특정한 순서로 실행되어야 할 경우
- 통신 응집도 (Communication cohesion) : 모든 요소들이 동일한 입출력 자료를 이용하는 경우
- 순차적 응집도 (Sequential cohesion) : 한 요소의 입력이 다른 요소의 출력이 되는 경우
- 기능적 응집도 (Functional cohesion) : 모듈내의 모든 요소들이 단일 기능을 발휘하는 경우

2) 결합도

- 데이터(data) 결합 : 모듈간에 필요로 하는 자료에 대한 의사소통
- 스탬프(stamp) 결합 : 동일한 데이터구조를 갖고 있음
- 제어(control) 결합 : 제어 데이터를 공유함, 모듈 중 최소한 하나는 독립적이지 않음
- 공통(common) 결합 : 전역 데이터를 공유
- 내용(contents) 결합 : 모듈간에 분기하며, 다른 모듈의 내용을 바꿀 수 있음

E16. 소프트웨어 공학 이론

시험출제 요약정리

1) 소프트웨어 위기

1-1) 소프트웨어 위기
- 품질, 생산성, 공수, 납기를 만족시키지 못해 사용자로부터 외면당하는 현상
- 소프트웨어 공학이 생기게 된 이유, 사용자의 요구사항, 소프트웨어의 대형화, 복잡화에 따른 문제 해결이 필요.

1-2) 소프트웨어 위기 배경
- 소프트웨어 프로그래밍에 치중, 관리의 부재
- 지난 20여 년간 소프트웨어의 수요는 100배 이상 증가, 개발자의 생산성은 1.8배 증가, 개발인력은 10배정도 신장
- 소프트웨어 개발을 위한 지식과 경험을 갖춘 전문인력의 부족
- 컴퓨터 및 통신장비 등 방대한 규모의 소프트웨어 활용 (복잡도의 증가)
- 대규모 인력이 협력해서 소프트웨어를 개발하는 데 필요한 방식과 자동화 도구들이 필요

1-3) 소프트웨어 위기의 해결 방안
- 개발생산성, 품질, 일정관리, 비용 등 한 부분을 향상시킴으로 해결할 수 없음.
- 소프트웨어 위기를 극복하기 위해서는 소프트웨어 개발 및 유지보수에 공학적인 접근 필요
- 소프트웨어 공학의 모든 부분은 결국 소프트웨어 위기를 해결하기 위한 관리적 기법

2) 소프트웨어 설계의 원리

2- 1) 기능(Functional) 추상화
- 소프트웨어 하부 프로그램을 정의하는 데 유용함
- 절차지향언어 : 함수와 같은 Sub 프로그램을 정의
- 객체지향언어 : Method를 정의

2-2) 자료(Data) 추상화

- 자료 개체와 운용방침과의 관계를 정의함
- 절차지향언어 : 추상 자료형 (Abstract Data Type)을 정의
- 객체지향언어 : 객체가 속하는 클래스를 설정하는 것

2-3) 제어(Control) 추상화

- 제어 행위에 대한 설명이 없이 그 효과만 설명

기출문제 풀이

2004년 27번

소프트웨어 설계에서 사용되는 대표적인 추상화 메카니즘이 아닌 것은?

① 기능 추상화 (functuion abstraction)
② 자료 추상화 (data abstraction)
③ 구조 추상화 (structure abstraction)
④ 제어 추상화 (control abstraction)

해설 : ③번

대표적으로 추상화 메커니즘은 기능, 자료, 제어로 구분

관련지식

1) 기능(Functional) 추상화
- 소프트웨어 하부 프로그램을 정의하는 데 유용함
- 절차지향언어 : 함수와 같은 Sub 프로그램을 정의
- 객체지향언어 : Method를 정의

2) 자료(Data) 추상화
- 자료 개체와 운용방침과의 관계를 정의함
- 절차지향언어 : 추상 자료형 (Abstract Data Type)을 정의
- 객체지향언어 : 객체가 속하는 클래스를 설정하는 것

3) 제어(Control) 추상화
- 제어 행위에 대한 설명이 없이 그 효과만 설명

2004년 42번

다음 보기와 같은 상황일 때 적합한 작업은?

> 소프트웨어가 전반적으로 잘 동작하고 있어서 기본 아키텍처(architecture)는 수정할 필요가 없으나 프로그램의 질을 높이기 위해 보다 나은 문서화, 낮은 복잡도, 생산성이 향상되도록 특정한 부분의 모듈이나 데이터를 수정할 때 사용하는 작업이다.

① 역공학(reverse engineering)
② 순공학(forward engineering)
③ 설계회복(design recovery)
④ 소프트웨어 재구조화(software restructuring)

해설 : ④번

기본 아키텍처를 바꾸지 않고 특정 부분만 수정하는 기법은 재구조화 기법

관련지식

1) 소프트웨어 재사용성 정의
- 레포지토리(Repository)를 기반으로 역공학(Reverse Engineering), 재공학(Reengineering), 재사용(Reuse)을 통해 소프트웨어 생산성을 극대화하는 기법

2) 소프트웨어 재사용성 관련 개념
- 순공학 : 추상개념의 현실화(요구분석→설계→구현)
- 재구조화 : 기능 변경 없이 소스코드의 재편성(표현의 변형)
- 역공학 : 구현된 것을 분석하여 설계단계로 요구사항 분석
- 재공학 : 역공학으로 재구조화된 S/W를 기반으로 다시 추상개념을 현실화하는 것
- 재사용 : 소프트웨어 개발관련 지식(기능, 모듈, 구성 등)을 표준화하여 개발 생산성을 높이기 위하여 반복적으로 사용하기에 적합하도록 구성하는 방법

2005년 33번

다음 계층형 팀 구성에 관한 설명 중 틀린 것은?

① 프로젝트 수행을 위한 모든 권한과 의무는 프로젝트 관리자에게 주어진다.
② 중앙 집중형과 분산형 팀 구성 방법의 단점을 피하기 위하여 혼합한 형태이다.
③ 소프트웨어 구조가 계층적으로 잘 나누어지는 경우에 적합한 조직 형태이다.
④ 팀 구성원 사이에 효율적인 의사를 소통하기 위하여 의사 교환 경로를 과감히 줄였다.

해설 : ①번

프로젝트 조직 구성이 PM에게 프로젝트 수행을 위한 권한과 의무 주어진다.

관련지식

1) 프로젝트 조직

- 프로젝트 업무 수행을 위해 먼저 프로젝트 조직 구조를 어떻게 설계해야 하는지 고려
- 프로젝트 조직 구조는 기업의 조직구조, 방침에 따라 결정

2) 팀원 선정시 고려 사항

- 프로젝트 요구사항을 만족시키는 기술이나 경험(Business, Leadership, Technical)
- 개인적인 희망이나 요구사항
- 가용성을 고려
- 프로젝트 요구사항에 적합한 업무스타일
- 프로젝트의 성공은 구성원들의 프로젝트 수행결과에 따라 좌우(개인적 역량, 조직적 역량)

3) 조직 종류

3-1) 기능조직

- 모든 직원이 분명한 단 하나의 상급자를 갖는 계층형 조직
- 내부 효율성을 강조
- 업무 전문화라는 관점에서 각 기능부서의 전문성 최대 발휘

3-2) 프로젝트 조직

- 프로젝트 전담 조직에서는 팀 구성원을 동일 장소에 배치시킴
- 외부 효과성을 강조

- 외부 환경, 주어진 목표를 달성할 수 있는 조직
- 조직 자원 대부분은 프로젝트에 관련되어 있고 프로젝트 관리자는 상당한 독립성과 권한을 가지고 있음

3-3) **매트릭스 조직**

- 기능조직과 프로젝트 조직의 혼합 형태
- 내부 효율성과 외부 효과성을 혼합한 조직
- 상기 두 조직의 장점을 살린 혼합형 조직
- 약한 매트릭스 조직, 보통 매트릭스 조직, 강한 매트릭스 조직으로 나눔

2007년 48번

컴퓨터의 발전과정에서 소프트웨어의 개발속도가 하드웨어의 발전속도를 따라가지 못해 사용자들의 요구사항을 감당할 수 없는 문제가 발생함을 의미하는 것은?

① 소프트웨어 위기(Crisis)
② 소프트웨어 오류(Error)
③ 소프트웨어 버그(Bug)
④ 소프트웨어 유지보수(Maintenance)

해설 : ①번

소프트웨어 위기는 소프트웨어 공학이 생기게 된 이유 → 사용자의 요구사항, 소프트웨어의 대형화, 복잡화에 따른 문제 해결이 필요

관련지식

1) 소프트웨어 위기
- 품질, 생산성, 공수, 납기를 만족시키지 못해 사용자로부터 외면당하는 현상
- 소프트웨어 공학이 생기게 된 이유. 사용자의 요구사항, 소프트웨어의 대형화, 복잡화에 따른 문제점의 해결이 필요.

2) 소프트웨어 위기 배경
- 소프트웨어 프로그래밍에 치중, 관리의 부재
- 지난 20여 년간 소프트웨어의 수요는 100배 이상 증가, 개발자의 생산성은 1.8배 증가, 개발인력은 10배정도 신장
- 소프트웨어 개발을 위한 지식과 경험을 갖춘 전문인력의 부족
- 컴퓨터 및 통신장비 등 방대한 규모의 소프트웨어 활용 (복잡도의 증가)
- 대규모 인력이 협력해서 소프트웨어를 개발하는 데 필요한 방식과 자동화 도구들이 필요

3) 소프트웨어 위기의 해결 방안
- 개발생산성, 품질, 일정관리, 비용 등 한 부분을 향상시킴으로 해결할 수 없음.
- 소프트웨어 위기를 극복하기 위해서는 소프트웨어 개발 및 유지보수에 공학적인 접근 필요
- 소프트웨어 공학의 모든 부분은 결국 소프트웨어 위기를 해결하기 위한 관리적 기법

E17. Case Tool

시험출제 요약정리

1) CASE (Computer Aided Software Engineering) 도구

- 소프트웨어 라이프사이클의 전체 단계를 연계시키고, 자동화하고, 통합시키는 도구의 집합
- 직접적으로 시스템 개발을 지원하고 디자인을 지원하고, 개발 과정에서 관리 정보와 문서화 및 프로젝트의 제어를 제공

2) CASE 도구

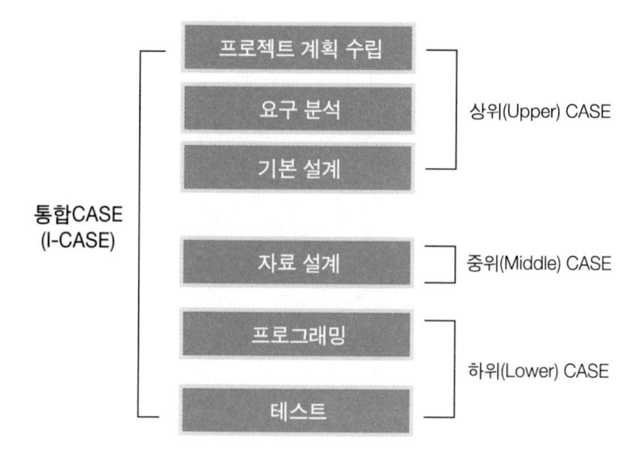

3) CASE 도구의 기술

2-1) 구조적 기법

- 사용자나 개발팀 모두가 쉽게 이해 할 수 있음
- 능률적인 정보 교환 및 공통적 이해에 도달하는 중요한 수단

2-2) 프로토타이핑 기술

- 시작품 형태의 소프트웨어를 단기간에 제작하여 사용자에게 제시
- 요구사항을 확정하고 개발을 진행하여 완성한 소프트웨어에 대한 사용자의 만족도를 높임

2-3) 자동 프로그래밍 기술

- 설계한 내용을 기초로 프로그램을 자동 생성
- 원하는 보고서 형태의 결과와 다큐멘테이션을 손쉽게 산출

4) 대표적인 CASE 툴의 종류

- 프로세스 모델링 및 관리 도구 : 프로세스의 주요 구성 요소들을 표현하는 데 사용
- 프로젝트 계획 도구 : 프로젝트 노력, 비용에 대한 추정 및 일정을 지원
- 위험 분석 도구 : 관리자가 위험 요소들을 식별하여 감시 및 관리할 수 있도록 함
- 소프트웨어 형상 관리 도구 : 버전 관리 및 변경 관리 등을 지원
- 인터페이스 설계 및 개발 도구 : 메뉴, 버튼, 윈도우, 아이콘 등과 같은 프로그램 컴포넌트들의 툴킷
- 프로그래밍 도구 : 컴파일러, 편집기 및 디버거, 4GL, 어플리케이션 생성기
- 프로토타이핑 및 명세화 도구 : 프로토타이핑 도구는 시스템이 자동적으로 사용자 인터페이스 화면이나 데이타베이스 다이어그램, 시스템 모델을 만들 수 있는 그래픽기능 제공
- 테스팅 도구 : 테스트 관리 도구
- 웹 개발 도구 및 데이터베이스 관리 도구

기출문제 풀이

2004년 35번

CASE를 계층적으로 분류하면 상위 CASE, 하위 CASE로 분류할 수 있다. 다음 중 하위 CASE에 속하는 도구는?

① 구문중심 편집기　　② 다이어그래밍 도구
③ 프로토타이핑 도구　　④ 설계 사전 도구

해설 : ①번

상위 케이스는 UML과 같은 분석/설계 도구, 중위 케이스는 화면 레이아웃이나 데이터베이스 툴(ER-Win)같은 것을 의미, 하위 케이스는 실제 코드를 생성시켜주는 툴,통합 케이스는 분석/설계, 구현까지 가능한 툴을 의미

관련지식

1) CASE (Computer Aided Software Engineering) 도구
- 소프트웨어 라이프사이클의 전체 단계를 연계시키고, 자동화하고, 통합시키는 도구의 집합
- 직접적으로 시스템 개발을 지원하고 디자인을 지원하고, 개발 과정에서 관리 정보와 문서화 및 프로젝트의 제어를 제공

2) CASE 도구 분류

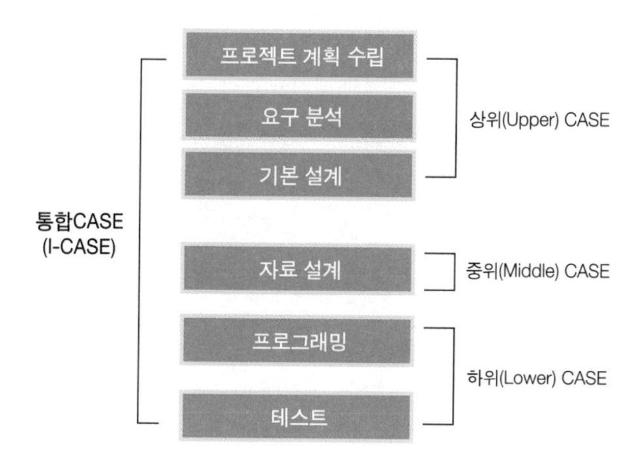

3) Upper Case

3-1) 의미

- 소프트웨어 개발 초기의 일을 자원. 계획, 분석 및 설계 과정의 지원

3-2) 지원 기능

- 여러 가지 방법론을 지원하는 다이어그래밍 도구
- 모델의 정확성, 일관성을 확인하기 위한 오류 검증 기능
- 프로토타이핑을 지원하는 도구
- 분석 설계 결과의 오류, 일관성 검증

3-3) 도구

- 사용자 인터페이스 설계 및 개발 도구
- 프로토타이핑 도구
- Ex. System Architect, ER-Win

4) 하위 Case

4-1) 의미

- 소프트웨어 생명주기의 나중 단계를 지원

4-2) 프로그래밍 지원도구

- 컴파일러, 링커, 로더, 디버거
- 구문 중심 편집기
- 테스트 도구: 정적 분석기, 동적 분석기(테스트 기준 분석기, 가설 검증기, 회귀 분석)

4-3) 비주얼 프로그래밍 도구

- Power Builder
- Delphi
- Visual Basic

2005년 50번

다음 중 식별, 버전, 변경, 감사 및 상태보고를 위한 CASE 도구는?

① 프로젝트 계획수립도구
② 소프트웨어 형상관리 도구
③ 척도 및 관리 도구
④ 정적 분석 도구

● **해설 : ②번**

형상관리 툴은 식별, 통제, 감사, 상태 보고 등의 기능을 제공

● **관련지식**

1) CASE 도구
- 소프트웨어 공학 과정을 자동화하면 개발비용을 절약할 수 있을 뿐만 아니라 생산성을 향상시킴
- 자동화된 소프트웨어 공학은 개발과 유지 보수를 표준화하는데 기여
- 소프트웨어 공학을 자동화한다는 것은 관리자들이 이러한 정보를 모으고 데이터베이스로 구축
- 자동화된 소프트웨어 공학은 개발과 유지 보수를 표준화하는데 기여
- 소프트웨어 공학과 관련된 여러 작업 중에서 하나 이상의 작업을 자동화한 소프트웨어 패키지를 CASE 도구라 함

2) CASE 도구의 기술

2-1) 구조적 기법
- 사용자나 개발팀 모두가 쉽게 이해 할 수 있음
- 능률적인 정보 교환 및 공통적 이해에 도달하는 중요한 수단

2-2) 프로토타이핑 기술
- 시작품 형태의 소프트웨어를 단기간에 제작하여 사용자에게 제시
- 요구사항을 확정하고 개발을 진행하여 완성한 소프트웨어에 대한 사용자의 만족도를 높임

2-3) 자동 프로그래밍 기술

- 설계한 내용을 기초로 프로그램을 자동 생성
- 원하는 보고서 형태의 결과와 다큐멘테이션을 손쉽게 산출

3) 형상관리

3-1) 형상관리의 의미

- 소프트웨어 Life Cycle 단계의 산출물을 체계적으로 관리하여, 소프트웨어 가시성 및 추적성을 부여하여 품질보증을 향상시키는 기법
- 소프트웨어를 이루는 부품의 Baseline(변경통제 시점)을 정하고 변경을 철저히 통제

3-2) 형상관리 기법

- 형상식별 : 형상관리 대상들을 구분하고, 관리 목록에 대한 번호 부여
- 형상통제 : 변경 요구 관리/변경 제어/ 형상 관리 조직의 운영 및 개발업체, 외주업체에 대한 형상 통제 및 지원
- 형상 감사 : 소프트웨어 Baseline의 무결성 평가 수단, 검증 (Verification), 확인 (Validation)
- 형상 기록 : 소프트웨어 형상 및 변경 관리에 대한 각종 수행 결과를 기록하고, 데이터 베이스에 의한 관리를 하며, 보고서를 작성하는 기능

2008년 35번

CASE(Computer Aided Software Engineering) 도구를 기능 관점에서 분류한 것으로 도구 유형과 도구의 예로 가장 적합하지 않은 것은?

① 계획수립도구 – PERT 도구　　② 변경관리도구 – 요구사항추적도구
③ 프로토타이핑 도구 – 데이터사전　　④ 시험도구 – 파일 비교기

해설 : ③번

- 프로토타이핑 도구는 시스템이 자동적으로 사용자 인터페이스 화면이나 데이터베이스 다이어그램, 시스템 모델을 만들 수 있는 그래픽기능 제공하는 Case 툴, 데이터 사전은 명세화 도구 사용한다.

관련지식

1) CASE (Computer Aided Software Engineering) 도구

- 소프트웨어 라이프사이클의 전체 단계를 연계시키고, 자동화하고, 통합시키는 도구의 집합
- 직접적으로 시스템 개발을 지원하고 디자인을 지원하고, 개발 과정에서 관리 정보와 문서화 및 프로젝트의 제어를 제공

2) 대표적인 CASE 툴의 종류

- 프로세스 모델링 및 관리 도구 : 프로세스의 주요 구성 요소들을 표현하는 데 사용
- 프로젝트 계획 도구 : 프로젝트 노력, 비용에 대한 추정 및 일정을 지원
- 위험 분석 도구 : 관리자가 위험 요소들을 식별하여 감시 및 관리할 수 있도록 함
- 소프트웨어 형상 관리 도구 : 버전 관리 및 변경 관리 등을 지원
- 인터페이스 설계 및 개발 도구 : 메뉴, 버튼, 윈도우, 아이콘 등과 같은 프로그램 컴포넌트들의 툴킷
- 프로그래밍 도구 : 컴파일러, 편집기 및 디버거, 4GL, 어플리케이션 생성기
- 프로토타이핑 및 명세화 도구 : 프로토타이핑 도구는 시스템이 자동적으로 사용자 인터페이스 화면이나 데이터베이스 다이어그램, 시스템 모델을 만들 수 있는 그래픽기능 제공
- 테스팅 도구 : 테스트 관리 도구
- 웹 개발 도구 및 데이터베이스 관리 도구

E18. CPM

시험출제 요약정리

1) CPM (Critical Path Method)

1-1) 의미

- 여유가 없는 공정을 연결해 놓은 것으로, 프로젝트가 종료될 때에 영향을 미치는 공정을 보여줌으로써, 어떠한 공정을 중점적으로 관리하면 (혹은, 재 배치하면) 프로젝트가 단축될 수 있는 공정 혹은 공정들을 의미
- 반복적인 사업을 대상으로 주로 사용

1-2) 목적

- 계획된 최단시간으로 전체 사업을 완료하기 위한 주 공정 경로와 소요시간을 구함
- 비용/시간 분석으로 원하는 목표기일 내에 전체사업을 완료하는데 소요되는 비용을 최소화

2) CPM 활동에서 사용되는 4가지 시간

- ES_i : earliest start time (가장 빠른 시작시간) – 선행 활동들이 가능한 빨리 진행되었을 경우, 활동 i가 가장 빨리 시작할 수 있는 시간
- EF_i : earliest finish time (가장 빠른 완료시간) – 선행 활동들이 가능한 빨리 진행되었을 경우, 활동 i가 가장 빨리 완료될 수 있는 시간 → $EFi = ESi + ti$ (ti : 활동 i의 소요시간)
- LS_i : latest start time (가장 늦은 시작시간) – 전체 프로젝트의 완료시간을 지연시키지 않는 범위 내에서 활동 i가 최대로 늦게 시작할 수 있는 시간 → $LSi = LFi - ti$
- LF_i : latest finish time (가장 늦은 완료시간) – 전체 프로젝트의 완료시간을 지연시키지 않는 범위 내에서 활동 i가 최대로 늦게 완료될 수 있는 시간

3) 임계경로(critical path)

2-1) 의미

- 소속 활동들의 소요시간 합이 가장 큰 경로

- 주경로 상의 활동들을 주공정 활동(critical activity). (ESi = LSi 또는 EFi = LFi인 활동)
- 시작 노드에서 완료 노드까지 주공정 활동으로만 이루어진 경로

2-2) 임계경로의 중요성
- 주공정 활동에 대한 지체는 프로젝트 전체 일정의 지연을 초래
- 주공정 활동들에 대한 관리 감독이 필요

4) 주요용어
- 핵심경로(Critical Path) :프로젝트의 완수에 필요한 최단시간을 의미. 프로젝트 네트워크 다이어그램 상에서 다른 어떤 경로보다 활동시간의 합이 긴 경로를 의미함.
- 여유시간(Slack Time) :예상했던 최단 완료 시간 프로젝트 완료에는 영향을 미치지 않는 범위에서의 각 활동의 최장. 완료 시간과의 차이를 말하는 것으로 핵심경로상의 여유시간은 0(제로)임.
- 활동(Activity) : 각 활동의 평균시간을 가정함.
- 크래싱(Crashing) : 핵심경로 활동을 조기완료하기 위해 공수를 추가 투입하는 방법

기출문제 풀이

2004년 29번

소프트웨어 개발 프로젝트의 작업 소요기간을 정할 때 CPM (Critical Path Method : 임계경로 방법)을 사용한다. 아래의 CPM 소작업 리스트를 보고 총 작업완료 소요기간에 영향을 미치지 않으면서 시작에서부터 소작업G까지 완료하는데 걸리는 최대 소요 시간은?

[보기] CPM 소작업 리스트

소작업	선행 작업	소요되는 시간
A	–	8
B	A, C	2
C	–	5
D	B	7
E	B	9
F	E	4
G	D, E	11
H	F	2
I	G, H	5

① 35　② 33　③ 30　④ 28

해설 : 3 번

- 전체 i 까지는 35(A→B→E→G→I) 이지만, 문제는 소작업 G 까지 임으로 A→B→E-G=30 입니다.

관련지식

1) CPM

1-1) 의미

- 여유가 없는 공정을 연결해 놓은 것으로, 프로젝트가 종료될 때에 영향을 미치는 공정

을 보여줌으로써, 어떠한 공정을 중점적으로 관리하면 (혹은, 재 배치하면) 프로젝트가 단축될 수 있는 공정 혹은 공정들을 의미
- 반복적인 사업을 대상으로 주로 사용

1-2) 목적
- 계획된 최단시간으로 전체 사업을 완료하기 위한 주공정 경로와 소요시간을 구함
- 비용/시간 분석으로 원하는 목표기일 내에 전체사업을 완료하는데 소요되는 비용을 최소화

2) CPM 활동에서 사용되는 4가지 시간
- ES_i : earliest start time (가장 빠른 시작시간) - 선행 활동들이 가능한 빨리 진행되었을 경우, 활동 i가 가장 빨리 시작할 수 있는 시간
- EF_i : earliest finish time (가장 빠른 완료시간) - 선행 활동들이 가능한 빨리 진행되었을 경우, 활동 i가 가장 빨리 완료될 수 있는 시간 → $EFi = ESi + ti$(ti : 활동 i의 소요시간)
- LS_i : latest start time (가장 늦은 시작시간) - 전체 프로젝트의 완료시간을 지연시키지 않는 범위 내에서 활동 i가 최대로 늦게 시작할 수 있는 시간 → $LSi = LFi - ti$
- LF_i : latest finish time (가장 늦은 완료시간) - 전체 프로젝트의 완료시간을 지연시키지 않는 범위 내에서 활동 i가 최대로 늦게 완료될 수 있는 시간

2005년 34번

다음은 어떤 프로젝트를 구성하는 작업들의 선행 작업과 소요기간을 나타낸 것이다. 이를 CPM(Critical Path Method) 네트워크로 나타내었을 때, 임계경로(critical path)는 무엇인가?

소작업	선행 작업	소요되는 시간
A	start	2
B	start	4
C	A	3
D	B, C	2
E	D	4
end	B, D, E	

① start–A–C–E–end ② start–A–D–end ③ start–B–D–end ④ start–B–end

해설 : ①번

- Critical Path(least flexibility)의 의미는 네트워크 상의 다른 경로보다 활동 시간의 합이 가장 긴 경로, Critical Path 상 여유시간(float)은 0을 의미함으로 A-C-E(9)가 임계 경로임

관련지식

1) CPM(Critical Path Method) (2004년 29번 참조)

- 여유가 없는 공정을 연결해 놓은 것으로; 프로젝트가 종료될 때에 영향을 미치는 공정을 보여줌으로써, 어떠한 공정을 중점적으로 관리하면 (혹은, 재 배치하면) 프로젝트가 단축될 수 있는 공정 혹은 공정들을 의미

2) 임계경로(critical path)

2-1) 의미

- 소속 활동들의 소요시간 합이 가장 큰 경로
- 주경로 상의 활동들을 주공정 활동(critical activity). (ESi = LSi 또는 EFi = LFi인 활동)
- 시작 노드에서 완료 노드까지 주공정 활동으로만 이루어진 경로

2-2) 임계경로의 중요성

- 주공정 활동에 대한 지체는 프로젝트 전체 일정의 지연을 초래
- 주공정 활동들에 대한 관리 감독이 필요

2009년 49번

다음 CPM 네트워크에서 각 노드(작업)에 대한 여유시간 (slack time)의 총합은 어느 구간에 있는가? 각 노드 위의 숫자는 해당 작업에 소요되는 시간을 의미한다.

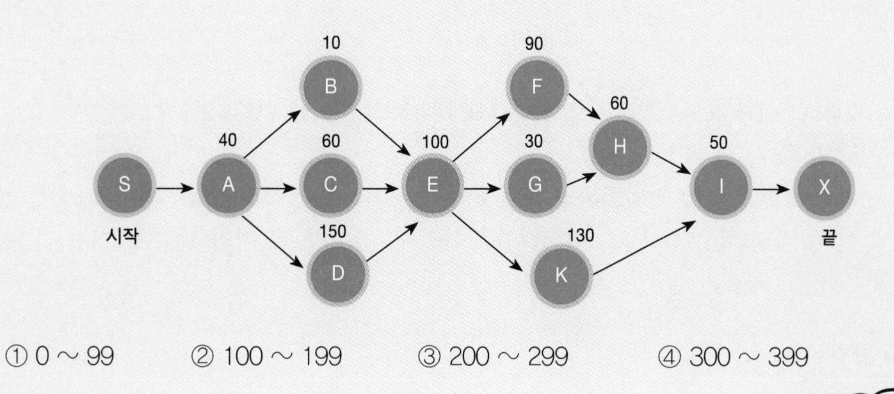

① 0 ~ 99　　② 100 ~ 199　　③ 200 ~ 299　　④ 300 ~ 399

● 해설 : ④번

– 문제 풀이

활동	선행활동	예상	ES	EF	LS	LF	ST
S		0					
A	S	40	1	40	1	40	0
B	A	10	41	50	181	190	140
C	A	60	41	100	131	190	90
D	A	150	41	190	41	190	0
E	B,C,D	100	191	290	191	290	0
F	E	90	291	380	291	380	0
G	E	30	291	320	351	380	60
K	E	130	291	420	311	440	20
H	F,G	60	381	440	381	440	0
I	H,K	50	441	490	441	490	0
X	I						310

관련지식

1) CPM

1-1) 정의

- 1957년 미국 래밍톤-랜드사의 켈리와 듀퐁사의 워커에 의해 개발
- 각 활동시간의 확정적 추정
- 과거 경험에 맞춰 작업기간과 작업 순서에 근거하여 작성된 N/W 다이어그램을 이용하여 각 작업의 시작, 종료, 여유시간을 계산하는 방법으로 여러 경로 중 가장 긴 Path를 Critical Path라 함

1-2) 장점

- 관리자의 일정 계획 수립에 도움
- 프로젝트 안에 포함된 작업 사이의 관계
- 병행 작업 계획, 일정 시뮬레이션,일정 점검, 관리

1-3) PERT와 CPM의 차이점

- PERT와 CPM은 모두 프로젝트 네트워크 다이어그램(PND)을 그리고 핵심공정(Critical Path)을 도출한다는 점에서는 동일
- CPM은 각각의 활동에 대한 소요 기간을 평균값 한 개만을 가지고 계산
- PERT는 낙관적인, 비관적인, 가장 발생 가능성이 높은 시간 등 세 가지의 예측치를 가지고 계산
- CPM은 단순히 프로젝트 소요기간이 얼마나 될 것이다라고 예측
- PERT는 전체 프로젝트 일정이 어느 소요기간만큼 걸릴 것인지 확률을 계산 프로젝트를 이미 많은 경험을 가진 인력이 수행하고, 대상 업무도 명확하다면 CPM을 활용
- 새롭고 해당 업무에 대한 지식도 전무하며 기술력도 부족한 상태에서는 PERT를 활용

2) 주요용어

- 핵심경로(Critical Path) : 프로젝트의 완수에 필요한 최단시간을 의미, 프로젝트 네트워크 다이어그램 상에서 다른 어떤 경로보다 활동시간의 합이 긴 경로를 의미함.
- 여유시간(Slack Time) : 예상했던 최단 완료 시간 프로젝트 완료에는 영향을 미치지 않는 범위에서의 각 활동의 최장. 완료 시간과의 차이를 말하는 것으로 핵심경로상의 여유시간은 0(제로)임.
- 활동(Activity) : 각 활동의 평균시간을 가정함.
- 크래싱(Crashing) : 핵심경로 활동을 조기완료하기 위해 공수를 추가 투입하는 방법

E19. IT 거버넌스

시험출제 요약정리

1) IT 거버넌스 개념

- 객체 지향 분석/설계가 S/W공학의 새로운 추세로 자리매김함에 따라 관련된 방법론을 표준화할 이사회와 경영진의 책임 아래 수행되는 기업 지배 구조의 일부로서 IT Governance는 IT가 조직의 전략과 목표를 유지하고 확장할 수 있게 하는 리더십, 조직구조, 프로세스로 구성됨 (ITGI)
- IT 사용에 있어서 바람직한 행동을 야기시키기 위한 의사 결정 및 책임에 관한 Framework (MIT)
- IT를 바람직하게 사용할 수 있도록 의사 결정 권한과 책임을 정립하는 것 (Gartner)
- 조직의 전략과 목표에 부합하도록 IT와 관련된 Resource및Process를 통제/관리하는 체계(ISACA)

2) ITGI의 IT Governance 프레임워크

프레임워크	주요내용
Strategic Alignment	- 기업이 IT에 투자 할 때 기업 전략과 목표달성에 부합하여 비즈니스 가치를 제고 할 수 있는가에 중점. 이를 위해 기업전략은 IT 전략과 연계되어야 함. 기업의 운영활동은 IT 운영활동과 연계되어야 함. - IT와 비즈니스간의 전략적인 연계는 IT 프로젝트들이 비즈니스를 위한 우선과제에 직접적인 관련이 있는지를 확인하는 핵심요소이며 비즈니스 전략, 유저요구사항, 비즈니스 동인, 재무 모델 관점에서 IT를 검증 - 성공을 위해서는 최고 경영진이 IT의 전략적 중요성에 대한 인식이 선행되고, IT가 비즈니스에 어떤 역할을 하게 될 것인지를 명확하게 정의해야 함. 비즈니스 원칙에 근거하여 IT의 개발/구축/운영에 관한 원칙을 수립, 지속적인 모니터링과 평가가 필요
Resource 관리	- IT자원(데이터, 응용, 인프라, 시설, 설비, 인력)등을 효과적으로 관리하여 비용을 최적화 하고, 끊임없는 변화에 신속화 대응과 신뢰할 수 있는 품질 보장.
Risk Management	- 효과적인 위험관리를 위해서는 위험과 취약성에 대한 전사차원의 분석이 선행. 이를 바탕으로 사전에 인지된 위험과 취약성을 관리

프레임워크	주요내용
Performance 관리	- BSC를 통하여 관리자들은 단기적 재무적 측정 외 고객만족도, 내부 프로세스 효율화, 조직의 학습과 성장에 대한 성과를 측정. IT 부분의 성과를 KPI등으로 측정하여 IT 프로세서 그 자체에 성과 및 경영적인 성과를 측정
Value Delivery	- IT를 통한 가치전달은 최소의 비용으로 적절할 기간 이내에 필요한 IT 서비스를 제공. - 가치전달은 원가의 최적화, IT본연의 기술적 성능 제공뿐만 아니라 IT가 전략과 연결되어 경영적 가치를 극대화하여 진정으로 조직에 기여 할 수 있는 가치를 제공하는 것. - IT 가치가 비즈니스에 효과적으로 전달되기 위해서는 고객, 프로세스, 시장 등에 관한 신뢰 할 수 있는 정보를 적시에 제공할 수 있어야 하고, 생산적이고 효과적인 내부 프로세스(예: 성과측정, 지식관리등)가 구축되어 정보시스템의 통합구현 능력이 갖추어져야 함.

3) COSO Framework

- 재무 보고의 품질을 보장하기 위한 기업 통제 Framework 통합적인 통제 시스템을 통해 기업 내부통제를 강화시켜 경영자로 하여금 조직의 전략적 목적과 위험관리가 적절하게 이루어지고 있는지 확인

기출문제 풀이

2006년 50번

CobiT(Control objectives for information and related Technology)은 IT 서비스 관리를 위해 무엇을 관리하고 통제할 것인가를 다루고 있다. CobiT 프레임워크에 해당하지 않는 것은?

① 계획 수립 및 조직화(Planning and Organization(PO))
② 조달 및 구현 (Acquisition and Implementation(AI))
③ 분배 및 지원 (Delivery and Support(DS))
④ 시험 및 통합 (Test and Integration(TI))

해설 : ④번

- Cobit 프레임워크는 계획/조직, 도입/실행, 납품/지원(분배/지원), 감시 절차를 가지고 있음.

관련지식

1) CobiT
- 개발기관 : ISACA,ISACF
- 프레임워크: PO, AI, DS, ME(모니터링 및 평가 ME: Monitoring & Evaluation)

2) CobiT 프레임워크

2.1) **계획 및 조직** (Planning & Organization, PO)
- 전략과 전술을 다루며, IT가 경영 목표의 달성에 가장 공헌할 수 있는 방법을 식별한다. 전략적 비전의 현실화를 위하여 계획 및 의사소통하고 관리하여야 한다. 기술적 인프라와 함께 조직이 구성되어야 한다.

2.2) **도입 및 실행** (Acquisition & Implementation, AI)
- IT 전략을 실현하기 위해서는 IT 솔루션을 도출하여 자체 개발하거나 구입해야 하고, 이것을 업무 프로세스에 구현하고 통합시켜야 한다. 이 업무 영역에는 이 외에도 기존 시스템에 대한 생명 주기가 계속될 수 있도록 시스템의 변경과 유지 • 보수가 포함된다

2.3) **납품 및 지원** (Delivery & Support, DS)

- 필요한 서비스를 실질적으로 제공하는 것이다. 여기에는 전통적인 운영, 보안, 훈련 등이 포함된다. 서비스를 제공하기 위해서는 필요한 지원 프로세스가 수립되어야 한다. 이 업무 영역에는 흔히 응용 통제로 분류되기도 하는 응용 시스템을 통한 데이터의 실제적인 처리가 포함된다.

2.4) **감시** (Monitoring, M)

- 모든 IT 프로세스는 품질과 통제 요건의 준수성 측면에서 정기적으로 평가되어야 한다. 따라서 이 업무 영역에서는 기업의 통제 프로세스에 대한 경영진의 감독과 내부 및 외부 감사를 통한 독립적인 인증 문제가 다루어진다.

2007년 33번

ITGI(Information Technology Governance Institute)의 IT 거버넌스 프레임워크(IT Governance Framework) 중 IT성과관리(IT Performance Management)는 IT의 가치를 측정하여 비즈니스 성과에 IT가 기여하는 정도를 측정하고, 문제점 및 취약점을 파악하여 지속적인 개선활동을 수행함으로써 IT성과를 극대화한다는 것이 목적이다. 다음 중 IT성과관리 범위에 해당하지 <u>않는 것은?</u>

① 성과지표 체계 구축
② 성과영역 정의
③ 재무적 성과 평가 산정 방법론 정의
④ 내부 통제 프레임워크 정의

● **해설 : ④번**

- 내부 통제 프레임워크는 IT 성과관리 보다 내부통제를 강화시켜 경영자로 하여금 조직의 전략적 목적과 위험관리가 목적

● **관련지식** ●●●

1) IT거버넌스의 정의

- IT 거버넌스는 기업지배구조의 일부로서, 기업의 전략과 목표를 달성하기 위한 비즈니스와 IT의 연계 강화, 가치 증대를 위한 틀로서 이사회, 경영진, IT 관리자 모두가 참여하여 IT 투자 및 위험관리, 효과적 IT 자원관리 등을 목표로 하는 프로세스, 리더십, 의사결정 체계 및 활동

2) ITGI의 IT Governance 프레임워크

프레임워크	주요내용
Strategic Alignment	- 기업이 IT에 투자 할 때 기업 전략과 목표달성에 부합하여 비즈니스 가치를 제고 할 수 있는가에 중점. 이를 위해 기업전략은 IT 전략과 연계되어야 함. 기업의 운영활동은 IT 운영활동과 연계되어야 함. - IT와 비즈니스간의 전략적인 연계는 IT 프로젝트들이 비즈니스를 위한 우선과제에 직접적인 관련이 있는지를 확인하는 핵심요소이며 비즈니스 전략, 유저요구사항, 비즈니스 동인, 재무 모델 관점에서 IT를 검증 - 성공을 위해서는 최고 경영진이 IT의 전략적 중요성에 대한 인식이 선행되고, IT가 비즈니스에 어떤 역할을 하게 될 것인지를 명확하게 정의해야 함. 비즈니스 원칙에 근거하여 IT의 개발/구축/운영에 관한 원칙을 수립, 지속적인 모니터링과 평가가 필요

프레임워크	주요내용
Resource 관리	– IT자원(데이터, 응용, 인프라, 시설, 설비, 인력)등을 효과적으로 관리하여 비용을 최적화 하고, 끊임없는 변화에 신속화 대응과 신뢰할 수 있는 품질 보장.
Risk Management	– 효과적인 위험관리를 위해서는 위험과 취약성에 대한 전사차원의 분석이 선행. 이를 바탕으로 사전에 인지된 위험과 취약성을 관리
Performance 관리	– BSC를 통하여 관리자들은 단기적 재무적 측정 외 고객만족도, 내부 프로세스 효율화, 조직의 학습과 성장에 대한 성과를 측정, IT 부분의 성과를 KPI등으로 측정하여 IT 프로세서 그 자체에 성과 및 경영적인 성과를 측정
Value Delivery	– IT를 통한 가치전달은 최소의 비용으로 적절할 기간 이내에 필요한 IT 서비스를 제공. – 가치전달은 원가의 최적화, IT본연의 기술적 성능 제공뿐만 아니라 IT가 전략과 연결되어 경영적 가치를 극대화하여 진정으로 조직에 기여 할 수 있는 가치를 제공하는 것. – IT 가치가 비즈니스에 효과적으로 전달되기 위해서는 고객, 프로세스, 시장 등에 관한 신뢰 할 수 있는 정보를 적시에 제공할 수 있어야 하고, 생산적이고 효과적인 내부 프로세스(예: 성과측정, 지식관리등)가 구축되어 정보시스템의 통합구현 능력이 갖추어져야 함.

3) COSO Framework

– 재무 보고의 품질을 보장하기 위한 기업 통제 Framework 통합적인 통제 시스템을 통해 기업 내부통제를 강화시켜 경영자로 하여금 조직의 전략적 목적과 위험관리가 적절하게 이루어지고 있는지 확인

2008년 29번

ITGI(IT Governance Institute)에서 제시하는 IT거버넌스(Governance)의 영역들이다. 다음 중에서 해당되지 않는 것은?

① 전략적 연계(Strategic Alignment) ② 가치 제공(Value Delivery)
③ 위험 관리(Risk Management) ④ 프로그램 관리(Program Management)

● **해설 : ④번**

- ITGI의 거버넌스 프레임워크는 Value Delivery, Risk Management, Resource Management, Performance Management, Strategic Alignment

● **관련지식**

1) IT 거버넌스 정의
- IT 거버넌스는 기업지배구조의 일부로서, 기업의 전략과 목표를 달성하기 위한 비즈니스와 IT의 연계 강화, 가치 증대를 위한 틀로서 이사회, 경영진, IT 관리자 모두가 참여하여 IT 투자 및 위험관리, 효과적 IT 자원관리 등을 목표로 하는 프로세스, 리더십, 의사결정 체계 및 활동

2) IT거버넌스의 등장 배경
- 효율적인 IT 투자 필요, 외부 규제 대응, 비즈니스와 IT의 연계 증가, IT자산관리와 통제, IT 투자의 투명성 확보

3) IT거버넌스 프레임워크

3-1) ITGI의 IT거버넌스 영역
- Value Delivery, Risk Management, Resource Management, Performance Management, Strategic Alignment(가치전달, 리스크관리, 자원관리, 성과관리, 전략연계)

3-2) 가트너의 IT 거버넌스 영역
- 원칙, 메커니즘, 프로세스로 구성

3-2) Cobit의 IT 거버넌스 영역
- 계획 및 조직, 도입 및 구축, 운영 및 지원, 모니터링

3-3) MIT의 IT 거버넌스 영역
- IT거버넌스 운영을 설계하고자 한다면 의사결정 주체가 누구, 의사결정이 어떻게 이루어 지고 모니터링 되는지, 효과적인 IT관리 및 활용을 위해 어떤 의사결정이 필요한지에 대한 정의

2009년 32번

정보화 시대가 되면서 IT의 책임과 역할이 점차 증대하고 변화하는 환경에서 IT 성과 모델 수립의 최종 목적과 가장 거리가 먼 것은?

① 업무 프로세스의 지체 현상을 제거한다.
② 계획과 결과에 대한 차이성을 감소시킨다.
③ 최종적으로 조기 경고 장치를 통해 IT 성과를 극대화하고 합리적인 의사결정을 수행하는 것이다.
④ 문서 표준화를 통해 IT 비즈니스의 이해 정보를 증가시킨다.

해설 : ④번

문서 표준화는 IT 성과 모델 보다는 품질 관리 측면이 강함

관련지식

1) IT 성과 관리
- IT가 기업에 얼마나 기여하며, 경제적으로 얼마나 공헌하고 있는가를 재무적 관점에서 체계적으로 조사, 분석하고 이를 관리하는 행위
- 정보화 사업 및 기타 IT 투자 사업의 일관된 성과 측정 및 관리를 지원하고, 해당 사업이 조직의 업무 기능성과와 정책 목표 달성에 기여 할 수 있도록 지원하는 표준화된 IT 성과 관리 체계.
- 전략과 결부되어 전략을 달성하기 위한 도구로서의 역할을 수행 (전략적 성과관리, 경영성과의 전략적 관리, 전략적 기업경영(SEM))

2) IT 성과 관리의 어려움
- 과대 평가의 문제
- 무형적 효과 측정 및 재무가치 환산 문제
- 기존 업무 감소 대비 신규 업무 증가 문제
- 투자 가치 분석에 필요한 시간 및 데이터

3) IT 성과 모델 목적
- IT 투자 의사 결정의 신뢰성 향상
- 시스템 투자 성과 향상
- 투자에 대한 리스크 진단을 통한 조기 경보 제공

- 초기 계획 대비 중간 평가 시점에서 실적 분석을 통한 베이스 라인 및 자원 재분배 조정 여부 판단

4) IT 성과 모델

4-1) 사전평가 : IT 업무 및 자원 예산 계획, 비용, 기대 이익, 위험 평가, 우선 순위 선정

4-2) 중간평가 : IT 프로젝트 통제 계획, 비용 및 일정 회득 가치 평가, 결함의 수정 조치

4-3) 사후평가 : 구현 후 검토, 운영 비용 대비 성과 평가, 시스템 활용도 평가, 조정 여부 결정, 개선 이행 및 폐기, 보고

E20. ITA

시험출제 요약정리

1) 정보기술아키텍처(ITA)의 정의

- ITA의 의미는 조직의 정보기술을 통합, 관리하기 위하여 정보체계에 대한 요구사항을 충족시키고, 상호 운용성 및 보안성을 보장하기 위하여 조직의 업무, 사용되는 정보, 이들을 지원하기 위한 정보기술 등 구성요소를 분석한 다음, 이 들간의 관계를 구조적으로 정리한 체계
- ITA = EA (Enterprise Architecture) + TRM (Technical Reference Model) + SP (Standards Profile)
- 현재는 EA에 ITA가 포함된 개념으로 확장됨.

2) 정보기술아키텍처(ITA)의 목적

조직	내용
CEO/CIO	– 경영을 위한 투자 전략 지원 – IT 비용 절감 – IT 기반 혁신 지원
IT 기획자	– 신기술 및 표준 동향 파악 – 정보화 요구 사항 파악, IT 계획 수립 – IT 장비 도입 기준 수립
협업관리자	– 비즈니스 프로세스 개선 – 업무 변경에 따른 신속한 IT 지원
IT운영 및 개발 인력	– 통합 시스템 아키텍처 확보 – 용량 관리 및 시스템 관리 지원 – 개발을 위한 기술 아키텍처 및 표준 제공

3) ITA 참조모델

3-1) ITA 참조 모델의 목적

- 전체 자원에 대한 구조적 관점을 제공, 전사적 상호운용성 확보, 조직자원의 중복요소 파악, 복수 조직간 ITA 비교, 분석, 조직 자원관리 표준화, 복수 조직간 공통서비스 발견

3-2) ITA 참조 모델

- 성과참조모델: 전략 및 목표 정의의 기준, 업무 및 정보화성과의 측정을 위해 성과 항목과 지표, 측정 방법을 정의
- 업무참조모델:업무 아키텍처 구축의 기준, 대상 기관의 사업 또는 업무 등을 전체

적으로 분류하고 정의하는 것.
- 서비스컴포넌트참조모델: 응용아키텍처 구축의 기준, 응용 서비스의 재사용과 상호운용성을 위해 응용서비스 기능을 분류 및 정의
- 데이터참조모델:데이터 아키텍처 구축의 기준, 데이터의 공유와 교환을 위해 데이터 표현 형식 및 방법을 정의
- 기술참조모델:기술 아키텍처 구축의 기준, 정보시스템의 상호운용성, 재사용성, 신기술의 유연한 적용 등을 위해 시스템 구성에 필요한 정보기술의 분류 및 식별, 적용 표준 등을 정의

4) 범정부 ITA 모델

4-1) 범정부 ITA 배경
- 공공 부문의 경우 2003년 전자정부 로드맵 추진과제로 '범정부 정보기술 아키텍처 적용' 과제가 선정되면서 공공 부문의 ITA/EA 도입이 추진되기 시작했다. 2005년 정보시스템의 효율적 도입 및 운영 등에 대한 법이 제정되고 2006년 7월 시행되면서 본격적으로 ITA/EA가 도입되고 있다. 2007년 1월 부터는 정보시스템 감리가 의무화되면서 정보시스템 감리 시장까지 확대되고 있다.

4-2) 범정부 ITA 산출물 메타 모델
- 정보기술아키텍처 산출물은 아키텍처를 구성하는 실체임
- 산출물 메타모델은 아키텍처를 구성하는 데 필요한 정보들과 그들간
- 관계를 정의하여 모델링 한 것임 (산출물 종류와 구성을 정의)
- 각 기관은 기관에 필요한 아키텍처 산출물 메타모델을 정의하여야 함

4-3) 범정부 차원의 산출물 메타 모델의 필요성
- 범 정부 차원에서 정보기술아키텍처 구성의 일관성 확보 필요
- 범정부 차원의 종합적인 분석 및 활용을 위해 공통의 표준 산출물 양식 적용 필요
- 정보기술아키텍처에 대한 이해가 부족한 기관에 참조 모델 제공 필요

4-4) 범정부 차원의 메타 모델 산출물의 원칙
- 아키텍처 비전과 아키텍처 수행목적 그리고 사례조사 시사점을 이용하여 산출물 선정을 위한 고려사항을 정의하고 이를 이용하여 아키텍처 모델 관점별 선정 원칙을 도출 (정보사회진흥원)

4-5) 산출물 구성
- 산출물 메타모델은 ITA 기본 요건을 만족 시키기 위하여 필요한 최소한의 산출물만을 제시
- ITA를 도입하는 기관은 이 메타모델 이외에 기관의 목적에 따른 추가 산출물 및 정보 정의 필요

기출문제 풀이

2006년 26번

정보기술아키텍처(ITA)의 도입을 통해 얻을 수 있는 기대효과로 보기 어려운 것은?

① 표준기술의 도입으로 시스템 상호 운용성 개선
② 정보자원의 재사용을 통한 중복개발 방지
③ 단위 업무중심의 효율적인 정보시스템 구축
④ 정보화 투자의 합리적인 우선순위를 결정하는 정보 제공

● 해설 : ③번

단위 업무 차원의 개발을 지양하는 것이 ITA임

● 관련지식

1) 정보기술아키텍처(ITA)의 정의

- ITA의 의미는 조직의 정보기술을 통합, 관리하기 위하여 정보체계에 대한 요구사항을 충족시키고, 상호 운용성 및 보안성을 보장하기 위하여 조직의 업무, 사용되는 정보, 이들을 지원하기 위한 정보기술 등 구성요소를 분석한 다음, 이 들간의 관계를 구조적으로 정리한 체계
- ITA = EA (Enterprise Architecture) + TRM (Technical Reference Model) + SP (Standards Profile)

2) 정보기술아키텍처(ITA)의 목적

조직	내용
CEO/CIO	- 경영을 위한 투자 전략 지원 - IT 비용 절감 - IT 기반 혁신 지원
IT 기획자	- 신기술 및 표준 동향 파악 - 정보화 요구 사항 파악, IT 계획 수립 - IT 장비 도입 기준 수립
협업관리자	- 비즈니스 프로세스 개선 - 업무 변경에 따른 신속한 IT 지원
IT운영 및 개발 인력	- 통합 시스템 아키텍처 확보 - 용량 관리 및 시스템 관리 지원 - 개발을 위한 기술 아키텍처 및 표준 제공

2006년 32번

정보기술아키텍처(ITA) 참조모델 중 응용아키텍처와 직접적 관련이 있는 참조 모델은?

① BRM(Business Reference Model)
② TRM(Technical Reference Model)
③ SRM(Service Component Reference Model)
④ DRM(Data Reference Model)

해설 : ③번

SRM은 응용아키텍처 구축의 기준, 응용 서비스의 재사용과 상호운용성을 위해 응용서비스 기능을 분류 및 정의를 지원하는 참조 모델

관련지식

1) ITA의 참조모델의 정의
- 성과참조모델 : 전략 및 목표 정의의 기준, 업무 및 정보화성과의 측정을 위해 성과 항목과 지표, 측정 방법을 정의
- 업무참조모델 : 업무 아키텍처 구축의 기준, 대상 기관의 사업 또는 업무 등을 전체적으로 분류하고 정의하는 것.
- 서비스컴포넌트참조모델 : 응용아키텍처 구축의 기준, 응용 서비스의 재사용과 상호운용성을 위해 응용서비스 기능을 분류 및 정의
- 데이터참조모델 : 데이터 아키텍처 구축의 기준, 데이터의 공유와 교환을 위해 데이터 표현 형식 및 방법을 정의
- 기술참조모델 : 기술 아키텍처 구축의 기준, 정보시스템의 상호운용성, 재사용성, 신기술의 유연한 적용 등을 위해 시스템 구성에 필요한 정보기술의 분류 및 식별, 적용 표준 등을 정의

2) 참조모델에 기초한 설계도의 장점
- 전체 자원에 대한 구조적 관점을 제공, 전사적 상호운용성 확보, 조직자원의 중복요소 파악, 복수 조직간 ITA 비교, 분석, 조직 자원관리 표준화, 복수 조직간 공통서비스 발견

2006년 36번

정보기술 투자를 분석하는 과정에서 정보기술아키텍처를 사용하여 확인해야 하는 사항으로 거리가 먼 것은?

① 공통적인 업무 기능, 프로세스 및 활동을 공유하는가?
② 정보시스템에 대한 중복 투자를 발생시키는 예산 요청은 어느 것인가?
③ 정보기술 투자의 성과 목표는 무엇인가?
④ 조직에서 내부통제가 가장 효율적으로 구축되어 있는 곳은 어디인가?

해설 : ④번

통제 관점은 거버넌스, 컴플라이언스에 대한 사항

관련지식

1) 통제란
- 경영 목표를 달성하고 원하지 않는 사건의 발생을 방지, 적발, 수정 할 수 있다는 것을 적정하게 보증하기 위해서 수립된 정책, 절차, 실무, 그리고 조직 구조
- "통제"라는 용어는 COSO 보고서(Internal Control– Integrated Framework, Committee of Sponsoring Organizations of the Treadway Commission, 1992)의 정의.
- "IT 통제 목적"은 SAC 보고서(Systems Auditability and Control Report, The Institute of Internal Auditors Research Foundation, 1991 and 1994)의 것을 인용

2) 정보기술아키텍처의 목적
- 경영을 위한 투자 전략 지원
- IT 비용 절감
- IT 기반 혁신 지원
- 통합 시스템 아키텍처 확보
- 용량 관리 및 시스템 관리 지원
- 개발을 위한 기술 아키텍처, 표준 제공

3) 정보기술아키텍처의 장점
- 조직의 정보 자원 및 기술의 호환성
- 정보자원 관리의 기술적 수단 구축
- 정보화 정책 및 투자결정을 위한 기준 설정
- 정보화 효과 증대를 위한 통합 관리 모델의 구성

2006년 41번

정보기술아키텍처의 참조모델 중 업무참조모델(BRM)에 대한 다음의 설명 중 틀린 것은?

① 업무참조모델은 조직 구조에 기반하여 조직의 비즈니스 라인을 설명하는 모델이다.
② 업무참조모델은 비즈니스 라인과 하부 기능이 중복되지 않도록 정규화되어야 한다.
③ 업무참조모델은 공통의 비즈니스 영역을 설명함으로써 조직체 협동을 촉진시킨다.
④ 업무참조모델은 정보기술 투자 및 서비스 제공에 대한 업무간 연계 및 통합을 지원하는 기반을 제공한다.

해설 : ①번

조직의 비즈니스 라인을 설명한 모델은 아님

관련지식

1) 정보기술아키텍처의 개념
- 조직의 정보기술을 통합, 관리하기 위하여 정보체계에 대한 요구사항을 충족시키고, 상호운용성 및 보안성을 보장하기 위하여 조직의 업무, 사용되는 정보, 이들을 지원하기 위한 정보기술 등 구성요소를 분석한 다음, 이 들간의 관계를 구조적으로 정리

2) 참조모델
- 성과참조모델 : 전략 및 목표 정의의 기준, 업무 및 정보화성과의 측정을 위해 성과 항목과 지표, 측정 방법을 정의
- 업무참조모델 : 업무 아키텍처 구축의 기준, 대상 기관의 사업 또는 업무 등을 전체적으로 분류하고 정의하는 것.
- 서비스컴포넌트참조모델 :응용아키텍처 구축의 기준, 응용 서비스의 재사용과 상호운용성을 위해 응용서비스 기능을 분류 및 정의
- 데이터참조모델 : 데이터 아키텍처 구축의 기준, 데이터의 공유와 교환을 위해 데이터 표현형식 및 방법을 정의
- 기술참조모델 : 기술 아키텍처 구축의 기준, 정보시스템의 상호운용성, 재사용성, 신기술의 유연한 적용등을 위해 시스템 구성에 필요한 정보기술의 분류 및 식별, 적용 표준등을 정의

2008년 31번

다음 중 「정보시스템의 효율적 도입 및 운영 등에 관한 법률」 제6조(정보기술아키텍처의 도입 · 운영의 촉진)에 의거하여 정부에서 개발한 "범정부 데이터 참조모형(V1.0)"의 프레임워크 5대 구성요소가 아닌 것은?

① 데이터 표준 ② 데이터 구조 ③ 데이터 분류 ④ 데이터 교환

● **해설 : ①번**

데이터 참조 모델 (DRM) : '범정부 데이터 모델', '데이터 분류', '데이터 구조', '데이터 교환', '데이터 관리'의 5개 요소로 구성됨

● **관련지식**

1) 범정부 정보기술아키텍처 참조 모델

1.1) 성과참조모델 (PRM)
- 평가영역은 투자지표, 품질지표, 이용지표, 효과지표

1.2) 업무참조모델 (BRM)
- 정부의 업무를 20개 정책분야, 78개 정책 영역 등으로 서비스/기능으로 분류
- 운영요소 속성 : 수행주체, 이해관계자, 수행절차, 수행방식으로 구분

1.3) 서비스 컴포넌트 참조모델 (SRM)
- 서비스 도메인, 타입, 컴포넌트로 계층화된 서비스 분류체계와 각각의 컴포넌트의 주요요건을 정의한 컴포넌트 프로파일로 구성

1.4) 데이터 참조 모델 (DRM)
- '범정부 데이터 모델', '데이터 분류', '데이터 구조', '데이터 교환', '데이터 관리'의 5개 요소로 구성됨

1.5) 기술 참조 모델 (TRM)
- 서비스영역, 기술분야, 세부기술분야, 표준프로파일로 구성

2) ITA/EA
– 미국의 예산 관리처 (Office of Management and Budged)의 문서감축 법에서 정보자원관

리(Information Resource Management) 의 능률적이고 효과적으로 수행하도록 함.

- ITA의 의미는 조직의 정보기술을 통합, 관리하기 위하여 정보체계에 대한 요구사항을 충족시키고, 상호 운용성 및 보안성을 보장하기 위하여 조직의 업무, 사용되는 정보, 이들을 지원하기 위한 정보기술 등 구성요소를 분석한 다음, 이 들간의 관계를 구조적으로 정리한 체계
- ITA = EA (Enterprise Architecture) + TRM (Technical Reference Model) + SP (Standards Profile)
- EA = Business Processes + Information Flows and Relationships + Applications + Data Descriptions + Technology Infrastructure
- 현재는 EA가 ITA를 포함하는 개념으로 확장됨

2008년 39번

정보기술아키텍처의 업무참조모델(BRM: Business Reference Model)에 대한 설명 중 가장 적절한 것은?

① 특정 기관의 업무 기능을 정의한 참조모델
② 기업조직계층에 독립적으로 업무 성과를 정의한 참조모델
③ 업무수행과 목표달성을 지원하는 서비스 요소를 분류하기 위한 기능중심의 참조모델
④ 업무와 서비스 구성요소의 전달과 교환, 구축을 지원 해주는 표준, 명세, 기술요소를 기술하기 위한 참조모델

해설 : ①번

②은 성과참조모델(PRM), ③은 서비스응용참조모델 (SRM), ④은 기술참조모델 (TRM)

관련지식

1) 정보기술아키텍처의 정의

- 정보기술아키텍처는 조직 전체 관점에서 정보화에 필요한 업무, 응용, 데이터, 기술등을 체계적으로 정리한 정보화 종합 설계서 또는 청사진
- 조직내의 정보시스템의 상호운용성, 보안성, 표준성등을 지원하기 위한 정보기술, 업무시스템 등에 필요한 표준을 정리한 체계

2) 정보기술아키텍처의 참조모델

"참조모형"이라 함은 정보기술아키텍처의 일관성, 재사용성, 상호운용성 등을 확보하기 위하여 정보기술아키텍처의 구성에 필요한 정보화 구성요소(성과지표, 업무프로세스, 서비스컴포넌트, 데이터, 기술표준)의 표준화된 분류체계와 형식을 정의한 것

3) 정보기술아키텍처의 참조모델

(1) 성과참조모형(PRM)

- 정보화 사업의 성과 제고 및 품질 향상을 위한 성과요소들의 표준화된 체계
- 정보화 사업의 일관된 성과측정 및 관리 지원
- 조직 정책 및 업무목표에 부합하도록 정보화 사업 추진 지원
- 구성요소 : 평가 분류체계, 표준 가시경로, 성과관리 표준양식

(2) 업무참조모형(BRM)

- 업무와 그와 관련된 정보를 전체적으로 분류하고 정의한 것

- '정부기능연계모델'의 서비스/기능 분류에 해당
  ※ 정부기능연계모델이란 정부기능 및 관련 정보들의 효율적 관리를 위해, 정부 업무기능의 분류와 운영 요소별 속성에 대한 체계적 관리 모델
- 자원, 정책기능 및 수행업무의 연계 • 분석과 정보의 활용성을 제고
- BRM은 기능분류체계, 속성정보 및 연계정보로 구성

(3) 서비스컴포넌트 참조 모델(SRM)
- 응용 서비스를 전사적 차원에서 재활용하고 효율적으로 관리하기 위해, 업무 및 조직에 독립적인 응용컴포넌트 기반의 표준 응용기능 분류체계를 제시
- SRM 구성: 서비스 도메인, 타입, 컴포넌트로 계층화된 서비스 분류체계와 각각의 컴포넌트의 주요요건을 정의한 컴포넌트 프로파일로 구성

(4) 데이터 참조 모델(DRM)
- 데이터참조모형(DRM)은 데이터의 표준화 및 재사용을 지원하기 위한 데이터 분류 및 데이터 표준화와 관리를 위한 기준과 체계임
- DRM프레임워크는 '범정부 데이터 모델', '데이터 분류', '데이터 구조', '데이터 교환', '데이터 관리'의 5개 요소로 구성됨

(5) 기술참조모델(TRM)
- 기술 아키텍처 구축의 기준
- 기관의 IT 자산은 TRM 의해 체계적으로 분류될 수 있으며 이들은 표준프로파일(SP)에서 정의된 표준 및 기준을 따름
- 구성 : 기술분야, 서비스영역, 세부기술분야

2008년 47번

"범정부 정보기술아키텍처(ITA) 산출물 메타모델 정의서"에 있는 산출물 중 책임자 관점에 속하는 것은?

① 개념 데이터 관계도 ② 논리 데이터 모델
③ 데이터 구성도 ④ 물리 데이터 모델

해설 : ①번

논리 데이터 모델(설계자), 데이터 구성도 (CEO/CIO), 물리 데이터 모델 (개발자)

관련지식

1) 범정부 ITA 배경

- 공공 부문의 경우 2003년 전자정부 로드맵 추진과제로 '범정부 정보기술 아키텍처 적용' 과제가 선정되면서 공공 부문의 ITA/EA 도입이 추진되기 시작했다. 2005년 정보시스템의 효율적 도입 및 운영 등에 대한 법이 제정되고 2006년 7월 시행되면서 본격적으로 ITA/EA가 도입되고 있다. 2007년 1월 부터는 정보시스템 감리가 의무화되면서 정보시스템 감리 시장까지 확대되고 있다.

2) 범정부 ITA 산출물 메타 모델

- 정보기술아키텍처 산출물은 아키텍처를 구성하는 실체임
- 산출물 메타모델은 아키텍처를 구성하는 데 필요한 정보들과 그들간
- 관계를 정의하여 모델링 한 것임 (산출물 종류와 구성을 정의)
- 각 기관은 기관에 필요한 아키텍처 산출물 메타모델을 정의하여야 함

3) 범정부 차원의 산출물 메타 모델의 필요성

- 범 정부 차원에서 정보기술아키텍처 구성의 일관성 확보 필요
- 범정부 차원의 종합적인 분석 및 활용을 위해 공통의 표준 산출물 양식 적용 필요
- 정보기술아키텍처에 대한 이해가 부족한 기관에 참조 모델 제공 필요

4) 범정부 차원의 메타 모델 산출물의 원칙

- 아키텍처 비전과 아키텍처 수행목적 그리고 사례조사 시사점을 이용하여 산출물 선정을 위한 고려사항을 정의하고 이를 이용하여 아키텍처 모델 관점별 선정 원칙을 도출 (정보사회진흥원)

5) 산출물 구성

- 산출물 메타모델은 ITA 기본 요건을 만족 시키기 위하여 필요한 최소한의 산출물만을 제시
- ITA를 도입하는 기관은 이 메타모델 이외에 기관의 목적에 따른 추가 산출물 및 정보 정의 필요

[참고자료]

1. 실용중심의 경영정보시스템, 양회석외
2. 감리사 소프트웨어 강의 자료, 양회석
3. 재사용 Process양식과 재사용 라이브러리 개발에 관한 연구, 한국전자통신연구원
4. 위키피디아
5. 범정부 데이터 참조모형, NIA
6. 201가지 소프트웨어 개발원칙, alan m.davis

소프트웨어 공학

감리사 기출풀이

1판 1쇄 인쇄 · 2011년 3월 30일
1판 1쇄 발행 · 2011년 4월 15일

지 은 이 · 이춘식, 양회석, 최석원, 김은정
발 행 인 · 박우건
발 행 처 · 한국생산성본부
서울시 종로구 사직로 57-1(적선동 122-1) 생산성빌딩
등록일자 · 1994. 9. 7
전 화 · 02)738-2036(편집부)
02)738-4900(마케팅부)
F A X · 02)738-4902
홈페이지 · www.kpc-media.co.kr
E-mail · kskim@kpc.or.kr
I S B N · 978-89-8258-620-0 03560

※ 잘못된 책은 서점에서 즉시 교환하여 드립니다.